川菜

1688例

策划·编写 犀文图书

U0333253

江苏科学技术出版社

P 前　言
reface

　　川菜是我国传统经典菜系之一，在我国饮食文化史上占有重要的地位。川菜取材广泛，调味多变，菜类丰富，口味清鲜醇浓并重，以"尚滋味，好辛香"著称，并以其别具一格的烹调方法和浓郁的地方风味，享誉中外，成为三峡地区乃至中华民族饮食文化史上一颗灿烂夺目的明珠。

　　川菜菜品名目繁多，据统计约有4000余种，其中名菜有200多种。川菜按地区划分，长期以来形成了五个主要流派，即成都帮、重庆帮、大河帮、小河帮、自内帮。

　　成都帮的特点是荤素并用，即在鱼翅席类的高级筵席内，必配有一素菜，另有一款带麻辣味的。成都帮注重色、香、味，调料专用郫县豆瓣、德阳酱油、保宁醋等，辅料以青、红、绿色蔬菜相衬，极具美感。著名川菜麻婆豆腐、樟茶鸭子等都来源于成都。

　　重庆帮的特点是能采各地之长，敢于创新，适应不同顾客需要。早在民国初年，"陶乐春"餐厅就能承办高级海参宴席，"留春幄"、"久华源"已能制作200桌以上的大型烧烤席、鱼翅席、满汉全席。川菜珍品中的虫草鸭等就属重庆首创。因水产丰富，重庆厨师善于烹鱼，豆瓣鲢鱼等极为出色。

　　大河指长江，大河帮包括乐山、宜宾、泸县、合江、江津一带，以家常味见长，煎、炒、蒸、烧俱有。

　　小河指嘉陵江，小河帮包括在嘉陵江上游及川北一带，主打民间传统菜，清光绪年间梁平人刘仲贵所创的达县灯影牛肉是在这里发源的。

　　自内帮包括自贡、内江、荣县、威远、资中一带。自贡原是盐商集聚之地，名菜颇多，内江是成渝交通要道，餐馆也不少。自贡的水煮牛肉相当出众。

　　著名的川菜还有干煸牛肉丝、干烧鱼、回锅肉、夫妻肺片、怪味鸡块、水煮牛肉、麻辣香水鱼、成都元宝鸡、麻辣花椒鸡、麻辣羊蹄花、泡椒大鱼泡、豆瓣鲢鱼、棒棒鸡、冬瓜盅等。

C目录
Contents

畜肉类　　　　　　　　　　　　　　CHUROULEI

水产类

豆制品类

汤类

小吃类

畜肉类

畜肉类食品注意事项

畜肉类食品的营养价值

畜肉食品营养价值高，是人类动物性蛋白质等营养成分的主要来源。

1.蛋白质

畜肉类食品蛋白质含量为10%～20%，其中肌浆中蛋白质占20%～30%，肌原纤维中40%～60%，间质蛋白10%～20%。

畜肉蛋白必需氨基酸充足，在种类和比例上接近人体需要，利于消化吸收，是优质蛋白质。但间质蛋白必需氨基酸构成不平衡，主要是胶原蛋白和弹性蛋白，其中色氨酸、酪氨酸、蛋氨酸含量少，蛋白质利用率低。

畜肉中含有能溶于水的含氮浸出物，能使肉汤具有鲜味。

2.脂肪

一般畜肉的脂肪含量为10%～36%，肥肉高达90%，其在动物体内的分布，随肥瘦程度、部位有很大差异。

畜肉类食品脂肪以饱和脂肪为主，熔点较高。主要成分为甘油三酯，少量卵磷脂、胆固醇和游离脂肪酸。胆固醇在肥肉中为109mg/100g，在瘦肉中为81mg/100g，在内脏中约为200mg/g，脑中最高，约为2571mg/100g。

3.碳水化合物

碳水化合物主要以糖原形式存在于肝脏和肌肉中。

4.矿物质

矿物质含量为0.8mg/g～1.2mg/g，其中钙含量7.9mg/g，含铁、磷较高，铁以血红素形式存在，不受食物其它因素影响，生物利用率高，是膳食铁的良好来源。

5.维生素

畜肉中维生素含量丰富，内脏如肝脏中富含维生素A、维生素B₂（核黄素）。

畜肉选购知识

畜肉食品是人类生存、生活和发展必不可少的食物，种类较多，人类最常食用的有猪肉、牛肉和羊肉等。

1.猪肉

健康猪肉放血良好，肉呈鲜红色或淡红色，切面有光泽而无血液，肉质嫩软。死猪肉放血不良，肉呈不同程度的黑红色，切面有黑血渗出，脂肪呈红色，肉皮往往呈青紫色或蓝紫色。另外猪肉注水后表面发亮，肌肉色泽多呈淡灰红色，肿胀湿润。用手触摸瘦肉没有黏性。

2.牛肉

牛肉分黄牛肉、水牛肉、牦牛肉、乳牛肉四种，以黄牛肉为最佳。黄牛肉的颜色一般呈棕红色或暗红色，脂肪为黄色，肌肉纤维较粗，肌肉间无脂肪夹杂。水牛肉，肉色比黄牛肉暗，肌肉纤维粗而松弛，有紫色光泽，脂肪呈黄色，干燥而少黏性，肉不易煮烂，肉质差，不如黄牛肉。牦牛肉呈淡玫瑰色，肉细柔松弛，肌肉间含脂肪很少，肉的营养价值及鲜味远不如成年的牛肉。乳牛肉呈鲜红色，肌内较公牛肉柔软。

牛肉注水后，肉纤维更显粗糙，暴露纤维明显。因为注水，使牛肉有鲜嫩感，但仔细观察肉面，常有水分渗出；用手摸肉，不粘手，湿感重；用干纸巾在牛肉表面，纸很快即被湿透。而正常牛肉手摸不粘手，纸贴不透湿。

3.羊肉

羊肉的颜色一般呈暗红色，脂肪为白色，肌肉纤维细软，膻味较重。绵羊肉肉质坚实，颜色暗红，肉纤维细而软，肌肉较少夹杂脂肪。山羊肉的色泽较绵羊肉浅，呈较淡的暗红色，皮下脂肪稀少，但在腹部却积贮较多的脂肪。山羊肉有特别的膻味，肉质不如绵羊肉。

爆炒腰花

主料： 猪腰200克，青椒、胡萝卜各50克。

辅料： 花椒、干辣椒、姜、蒜、香油、料酒、酱油、醋、盐、糖、淀粉、食用油、味精各适量。

制作方法

1.猪腰洗净，对开，去掉白筋和暗红的腰臊，切片；青椒、胡萝卜切块，姜、蒜、干辣椒切末。

2.把切好的腰花放进加有花椒粒的清水里浸泡15分钟，捞出沥水；取一小碗，调入水淀粉、味精、糖、盐、花椒、香油、料酒、酱油、醋，拌匀成料汁。

3.热锅下油，油热后，放入姜、蒜、辣椒末炒香，倒入沥过水的腰花翻炒至变色，盛出备用。

4.锅内余油再烧热，下青椒、胡萝卜块炒熟后，倒入爆过的腰花和调好的料汁，快速炒匀，淋少许香油即可。

【营养功效】 猪腰含有蛋白质、脂肪、碳水化合物、钙、磷、铁和维生素等营养素，有补肾、强腰、益气的作用。

小贴士

猪腰的白筋和暗红色的部分是腰花异味的根源，一定要去除干净。

爆炒猪肝

主料： 鲜猪肝300克，黄瓜150克，红辣椒80克。

辅料： 牛奶80毫升，盐、糖、酱油、醋、淀粉、味精、葱、食用油、姜、淀粉各适量。

制作方法

1.把黄瓜、红辣椒、姜切片，葱切段，猪肝洗净后切成片。

2.把切好的猪肝放入牛奶中浸泡10分钟。

3.将猪肝从牛奶中捞出，放入酱油和淀粉，用手抓匀。

4.起油锅，油烧至五成热时，放入猪肝滑炒至变色。

5.放入葱、姜爆香，再放入黄瓜和红辣椒片，加盐、糖、酱油、醋大火翻炒1分钟，用水淀粉勾薄芡，加味精调匀即可。

【营养功效】 猪肝中富含蛋白质、卵磷脂和微量元素，有利于儿童的智力发育和身体发育。

小贴士

炒猪肝不要一味求嫩，否则，既不能有效去毒，又不能杀死病菌、寄生虫卵等。

爆炸牛肉

主料： 牛后腿肉1000克。

辅料： 干辣椒25克，花椒10克，葱20克，姜5克，胡椒粉、料酒、香油、食用油、盐、味精各适量。

制作方法

1.牛肉切成薄片，盛入盘内，加入盐、味精、胡椒粉、葱、姜、料酒拌匀，腌约2小时。

2.炒锅置于火上，大火烧热，倒入食用油，烧至七成热，倒入牛肉片，炸透，捞出。

3.炒锅置火上，将花椒放入炸黄捞出，再将干辣椒炸黄，倒入牛肉一齐煸炒，待牛肉变成紫黑色时，淋入香油拌匀即可。

【营养功效】 此菜含有胡萝卜素、叶酸、烟酸、泛酸以及多种维生素。

小贴士

牛肉炒透但不能炸焦，花椒、干辣椒炸黄即可。

陈皮牛肉

主料：牛腿肉500克。

辅料：干辣椒10克，陈皮、葱结、姜片、蒜片各15克，鸡汤200毫升，料酒、食用油各15毫升，酱油20毫升，盐、味精、香油、花椒各适量。

制作方法

1.将牛肉切成片，干辣椒去蒂和籽。

2.炒锅加食用油，烧至八成热，下牛肉片炸干水分取出，沥干油。

3.原锅留底油，投入干辣椒，稍煸再放入葱结、姜片、蒜片、花椒、料酒、酱油、盐、陈皮、牛肉片、鸡汤，用小火焖至松软，转大火收干汤汁，放入味精，淋入香油，拣去葱结、辣椒、姜片即可。

【营养功效】陈皮含有陈皮素、橙皮甙及挥发油，具有理气和中、燥湿化痰的作用。

小贴士
　陈皮不宜与半夏、南星同用，亦不宜与温热香燥药同用。

粉蒸牛肉

主料：牛肉400克。

辅料：大米80克，食用油、酱油、胡椒粉、辣椒粉、葱、姜、料酒、豆瓣酱、四川豆豉、香菜各适量。

制作方法

1.大米炒黄磨成粗粉，葱切成葱花，豆豉剁碎，姜捣烂后用少许水泡，香菜切碎。

2.牛肉切成薄片，用食用油、酱油、姜汁、豆豉、料酒、豆瓣酱、胡椒粉、大米粉等拌匀。

3.将拌匀后的牛肉放入碗中上屉蒸熟，取出翻扣盘中撒上葱花，另用小碟盛香菜、辣椒粉、胡椒粉调成蘸料上桌。

【营养功效】牛肉含有丰富的蛋白质，而脂肪含量低，氨基酸组成比猪肉更接近人体需要，能提高机体抗病能力。

小贴士
　牛肉受风吹后易变黑，进而变质，因此要注意保存方法。

粉蒸排骨藕

主料：排骨500克，莲藕250克。

辅料：五香米粉250克，葱、酱油、料酒、盐、糖、姜各适量。

制作方法

1.葱洗净切长段，姜洗净切片；排骨切小块，用酱油、料酒、糖、葱、姜和五香米粉拌匀，腌至入味。

2.藕段洗净，刮去老皮，竖剖为二，再横切成与排骨大小相似的片，用少许盐腌30分钟。

3.将排骨、藕片放在碗里，倒入五香米粉搅拌，使排骨、藕片都裹上一层米粉，然后将排骨、藕片交错分层码在大碗内，剩余的米粉也全部拌入，入蒸锅蒸至熟即可。

【营养功效】藕富含铁、钙等微量元素，植物蛋白质、维生素以及淀粉含量也很丰富，有清热、生津、凉血等功效。

小贴士
　蒸排骨前，在米粉上洒少量水，可使米粉柔软，蒸出来后口味会更好。

粉蒸羊肉

主料：羊肉500克，米粉150克。

辅料：大葱、姜、料酒、豆瓣酱、茴香籽、大料、香菜、香油、味精、辣椒油、胡椒粉、盐各适量。

制作方法

1.将羊肉切成薄片，放入葱丝、料酒、姜末、盐、味精拌匀，腌制10分钟。

2.把茴香籽、大料入锅炒香，倒出压碎；把豆瓣酱炒出香味，加少量水，放入米粉，拌匀装盆，上屉用大火蒸5分钟后取出。

3.将腌好的羊肉片加胡椒粉、辣椒油和蒸好的米粉拌匀，上屉蒸20分钟，取出后撒上香菜，淋上香油即可。

【营养功效】羊肉营养极其丰富，含有蛋白质、脂肪、钙、磷、铁等多种成分，有补血温经等功效。

小贴士

要分清绵羊肉和山羊肉，绵羊肉较细嫩，膻味较淡；山羊肉较粗糙，膻味较重。

干煸牛肉丝

主料：牛肉600克，芹菜50克。

辅料：食用油、豆瓣酱、辣椒酱、辣椒粉、料酒、青蒜段、姜丝、葱花、盐、酱油、醋、味精各适量。

制作方法

1.将牛肉切成薄片，横着肉纹切成细丝；芹菜切段，豆瓣酱、辣椒酱剁成细泥。

2.锅中入适量食用油烧至七成热，放入牛肉丝快速煸炒，加盐炒至酥脆，肉变成枣红色，再加入豆瓣酱、辣椒酱和辣椒粉，再颠炒几下。

3.依次加入料酒、酱油、味精，翻炒均匀，再加入芹菜、青蒜段、姜丝拌炒几下后，放点醋颠翻几下盛出，在上面撒点葱花即可。

【营养功效】芹菜含铁量较高，是缺铁性贫血患者的佳蔬，还含有锌、挥发性物质。

小贴士

牛肉丝一定要煸至水分收干，切不可水分太重，否则牛肉丝会软绵而不酥香。

辣炒脆肚

主料：猪肚250克。

辅料：洋葱、豆豉、食用油、盐、淀粉、酱油、蚝油、鸡精各适量。

制作方法

1.猪肚切丝，用盐、酱油、淀粉、食用油拌匀上浆；洋葱切丝。

2.热锅烧油下肚丝快速滑炒，肚丝稍卷起盛出。

3.余油加入豆豉炒出香味，加入洋葱丝翻炒，拌入肚丝，加蚝油略为翻炒后，撒上鸡精即可。

【营养功效】猪肚含有蛋白质、脂肪、碳水化合物、维生素及钙、磷、铁等，有补虚损、健脾胃等功效。

小贴士

新鲜猪肚只要用盐和白醋不停地揉搓，很快即可以清洗干净没有异味，然后用开水稍烫，刮去表面白膜即可。

回 锅 肉

主料： 猪肉500克，豆腐干200克。

辅料： 葱、大蒜、辣椒、花椒、青蒜、豆瓣酱、甜面酱、食用油、姜、酱油、糖、盐、味精各适量。

制作方法

1. 锅内倒入清水煮沸，放入拍散的姜和蒜、葱段、花椒熬出味道，然后放入猪肉，煮至六成熟捞出切片；青蒜洗净斜切成菱形，辣椒、豆腐干切成三角形备用。
2. 净锅倒入少许食用油，烧热后用锅铲使油遍布锅壁，然后弃之不用，重新放食用油，烧至四成热，放入肉片爆炒，至肉片打卷后，倒入豆瓣酱和甜面酱，然后将酱和肉片混合翻炒几下，调少许酱油上色，再调入少许糖增味。
3. 放入豆腐干、辣椒和青蒜炒至断生，调入少许盐和味精，翻炒几下即可。

【营养功效】 猪肉可提供血红素和促进铁吸收的半胱氨酸，能改善缺铁性贫血。

小贴士

　　清水煮肉，难出肉香，因此，水开后，先放入姜（拍破）、大葱节、大蒜、花椒吊汤，待汤气香浓，再放入洗净的猪肉，煮至六成熟捞出，不能煮得太软。

椒 盐 里 脊

主料： 里脊肉250克，鸡蛋2个。

辅料： 淀粉100克，料酒10毫升，姜片、葱段各10克，盐、食用油、椒盐各适量。

制作方法

1. 将里脊肉切成1厘米左右的厚片，在肉片的两面用刀轻切十字花刀（先轻切再旋转90度轻切），再切成1厘米左右的条。
2. 将里脊肉条放入碗中，加料酒、姜、葱和适量盐抓匀，腌制10分钟；将鸡蛋、淀粉、食用油以及少量盐调成稠度合适的鸡蛋糊，放入腌制好的里脊肉条拌匀。
3. 锅中放食用油，烧至六成热时，将里脊肉逐条放入油中，炸至淡黄色时捞出沥干油。
4. 炸完所有里脊肉条以后，将锅中的油烧至七成热，再将所有的里脊肉条再次放入油锅中，炸至金黄色捞起，用厨房纸吸干油分；将炸好的里脊肉条装盘，撒上椒盐或用小盘装适量椒盐蘸食。

【营养功效】 花椒气味芳香，可除各种肉类的腥膻臭气，能促进唾液分泌，增加食欲；能使血管扩张，从而起到降低血压的作用。

小贴士

　　油炸两遍，第一遍是为了熟透，第二遍是为了上色。

辣蒸牛肉萝卜丝

主料：牛肉300克，白萝卜200克。

辅料：蒜末、姜末、葱粒、香油、酱油、茶油、盐、料酒、辣椒粉、胡椒粉各适量。

制作方法

1. 牛肉切细丝，用盐、酱油、料酒、胡椒粉、茶油腌制20分钟；白萝卜切粗丝，用盐腌片刻；把腌好的牛肉丝、姜末、蒜末、辣椒粉、萝卜丝拌在一起。

2. 蒸锅煮沸水，铺上屉布，把牛肉萝卜丝顺蒸锅内壁围一圈，中间留出一空地，把屉布盖在牛肉萝卜丝上，用大火蒸30分钟左右。

3. 把蒸好的牛肉萝卜丝倒进一深口碗里，再把深口碗反扣到另一浅口碗，使倒出的牛肉萝卜丝定出似碗的椭圆形，最后淋上香油。

【营养功效】白萝卜含有丰富的维生素C和微量元素锌，有助于增强机体的免疫功能，提高抗病能力。

小贴士

白萝卜主泻、胡萝卜为补，所以二者最好不要同食。

凉拌腰肝

主料：猪腰200克，猪肝100克。

辅料：红辣椒、葱各10克，料酒6毫升，盐、姜4克，酱油、糖、香油各适量。

制作方法

1. 猪肝洗净，切片；猪腰去筋膜，切花后切块，放在碗中加料酒、盐腌1小时，再以清水冲净；葱切段，姜切块，一起放入滚水中加猪肝和猪腰烫煮至熟，盛起。

2. 红辣椒和剩余的葱洗净切丝，加酱油、糖、香油调拌均匀，淋在腰肝上即可。

【营养功效】猪肝含有丰富的铁、磷、蛋白质、卵磷脂和微量元素以及丰富的维生素A。

小贴士

买回猪肝后要在自来水龙头下冲洗一下，然后置于盆内完全浸泡1-2小时消除残血。

胡萝卜炖羊肉

主料：羊肉400克，胡萝卜50克。

辅料：食用油30毫升，蒜苗15克，姜、大料、桂皮、红油、酱油、高汤、料酒、胡椒粉、豆瓣酱、盐、味精各适量。

制作方法

1. 羊肉洗净切块，胡萝卜洗净去皮切块，姜洗净拍松，蒜苗洗净切段。

2. 往锅里放油，烧热，放入姜、大料、桂皮、豆瓣酱、羊肉爆炒出香味，注入料酒、高汤，用中火烧。

3. 然后加入胡萝卜、盐、味精、胡椒粉、酱油烧透至入味，放入蒜苗、红油稍烧片刻即可。

【营养功效】胡萝卜中含有B族维生素和钾、镁等矿物质。

小贴士

胡萝卜入锅前，可先用沸水焯一下，以去掉胡萝卜的辛辣味。

主料：猪腰300克，芝麻酱、熟白芝麻各100克。

辅料：酱油30毫升，葱、姜、麻酱汁、香油、鸡精、辣椒油、料酒、白胡椒粉各适量。

制作方法

1.猪腰去除白膜，剖开切掉白色的筋，用清水冲洗干净后，斜切成薄片；姜切成片，葱切成段；煮沸半锅水，加入鸡精、料酒、葱段和姜片，放入猪腰片氽烫，待猪腰片变白断生，捞起沥干水。

2.将猪腰片装入盘中，淋入麻酱汁、酱油、芝麻酱、香油、辣椒油，撒上白胡椒粉、熟白芝麻即可。

【营养功效】芝麻含有大量的脂肪和蛋白质、糖类、维生素、卵磷脂、钙、铁、镁等营养成分，有补血明目、祛风润肠、抗衰老等功效。

小贴士

挑选猪腰，应挑表面无出血点的，不宜选过大的猪腰，用刀切开猪腰，以白色筋丝和红肉的脉络清晰为最佳。

麻酱腰片

主料：牛肉200克，豆腐200克，荷兰豆50克。

辅料：葱、蒜、淀粉、食用油、辣椒粉、花椒粉、豆豉、盐各适量。

制作方法

1.豆腐去硬皮、硬边，切丁；牛肉洗净切丁；葱、蒜洗净切末；荷兰豆洗净。

2.豆豉碾碎后与花椒粉拌匀；豆腐丁放入沸水中氽烫后捞出。

3.锅里放食用油，烧热，先将葱、蒜爆香，再倒入牛肉炒至半熟，加入豆腐丁、荷兰豆、辣椒粉、花椒粉、盐、豆豉翻炒均匀，用水淀粉勾芡即可。

【营养功效】荷兰豆必须完全煮熟后才可以食用，否则可能发生中毒。

小贴士

用盐、糖将漂净血水的牛肉丁腌2个小时后再烹制，吃起来非常软嫩。

麻辣牛肉

主料：瘦肉100克，粉丝350克。

辅料：食用油、酱油、料酒各30毫升，豆瓣酱20克，葱、香油、糖、盐、味精各适量。

制作方法

1.用温水将粉丝泡软洗净；瘦肉洗净剁成肉末；葱洗净切碎。

2.锅内放油，烧热后加入肉末，放入少许豆瓣酱炒干肉末，再加入粉丝炒匀。

3.调入料酒、酱油、糖、盐和味精炒匀后即可。

【营养功效】粉丝的营养成分主要是碳水化合物、膳食纤维、蛋白质、烟酸和钙、镁、铁、钾、磷、钠等矿物质。粉丝有良好的附味性，它能吸收各种鲜美汤料的味道。

小贴士

此菜要速炒，时间长了粉丝容易粘连，影响菜肴口感。

蚂蚁上树

麻辣牛肉丝

主料： 鲜牛肉1000克。

辅料： 花椒粉、干辣椒粉各25克，葱段30克，姜15克，酱油10毫升，食用油、盐、料酒、糖、熟芝麻、香油、味精、花椒各适量。

制作方法

1. 牛肉切成大块，放入清水锅内煮沸，打尽浮沫，加入拍破的整姜和切好的葱段、花椒，小火煮至断生捞起，晾凉后切成粗丝。
2. 锅内加食用油烧至六成热，放入牛肉丝，炸干水分，铲起；用锅内余油，下干辣椒粉、姜末，小火炒出红色后加汤，放入牛肉丝，加盐、酱油、糖、料酒，煮沸后移至小火慢煨。
3. 汤干汁浓时加味精、香油，调匀，起锅装入托盘内，撒花椒粉、熟芝麻，拌匀即可。

【营养功效】牛肉含有丰富的蛋白质，氨基酸组成比猪肉更接近人体需要，具有补脾胃、益气血等功效。

小贴士

煨牛肉丝时要勤翻锅，尤其在汤快干时要不停地翻铲。

泡椒牛肉卷

主料： 牛里脊肉200克，芹黄40克，鸡腿蘑40克，腊肉50克。

辅料： 泡椒25克，嫩肉粉10克，淀粉60克，白葡萄酒16毫升，蛋清、盐、鸡清汤、鸡精、胡椒粉、醋、生抽、食用油各适量。

制作方法

1. 牛里脊肉切成片，加盐、胡椒粉、嫩肉粉拌匀；泡椒剁碎；芹黄切成段；鸡腿蘑、熟腊肉切成丝。
2. 取牛肉片，铺平，放入芹黄段、鸡腿蘑丝、腊肉丝在一端，卷成卷，封口处抹上蛋清淀粉粘牢。
3. 锅置火上，加食用油烧热，将牛肉卷拖上蛋清淀粉，放入油内炸黄，起锅。
4. 锅内留油少许，烧热，放入泡椒略炒，加鸡清汤、盐、胡椒粉、生抽、葡萄酒、牛肉卷，焖入味，至汤汁浓稠时加水淀粉勾芡，推匀，放鸡精、醋推匀即可。

【营养功效】鸡腿蘑含有丰富的蛋白质、碳水化合物、多种维生素和矿物质，具有调节体内糖代谢，降低血糖的作用。

小贴士

焖制时需用小火细焖。

水 煮 肉 片

主料： 瘦肉200克，鸡蛋1个，小棠菜1棵。

辅料： 食用油50毫升，豆瓣酱、盐各3克，葱、花椒、干辣椒、味精、姜、大蒜、淀粉各适量。

制作方法 ○•

1. 将瘦肉洗净后切成薄片；姜、蒜切片；葱切花；干辣椒切碎。
2. 锅中放油烧热，放入姜片、蒜片爆香，加盐、味精，把小棠菜炒至断生盛入碗中；鸡蛋打入碗中，留蛋清，加淀粉打匀，将肉片放入蛋液中拌匀。
3. 锅中留油，爆香干辣椒、花椒、豆瓣酱，加入水淀粉勾芡，放入肉片煮透，盛出倒在小棠菜上，撒上葱花即可。

【营养功效】瘦肉中蛋氨酸含量较高。蛋氨酸是合成人体一些激素和维护表皮健康必需摄取的一种氨基酸。

小贴士

肉片一定要用鸡蛋清和淀粉拌匀后才能下锅，煮的时间不宜太长。

水 煮 血 旺

主料： 猪血300克，油菜50克，芹菜50克。

辅料： 食用油30毫升，干辣椒、葱、姜、大蒜、豆瓣酱、花椒、盐、味精各适量。

制作方法 ○•

1. 将油菜洗净；猪血切成厚片；葱、芹菜切段；姜、蒜切末；锅烧热后，将花椒、干辣椒入锅炒香后剁成细末。
2. 锅内放油烧热后，加入豆瓣酱、姜末、蒜末爆香，再放入油菜炒至断生，起锅装入汤碗。
3. 锅中留底油，再加豆瓣酱炒香，加入少许清汤、芹菜段，放入猪血煮透，放入适量的盐、味精，再盛入装有油菜的碗中，撒上辣椒末、花椒末、葱段，淋上热油即可。

【营养功效】猪血富含维生素B$_2$、维生素C、蛋白质、铁、磷、钙、尼克酸等成分，有理血祛淤、止血等功效。

小贴士

切开猪血块后，优质猪血切面粗糙，有不规则小孔；假猪血切面光滑平整，看不到气孔。

水浒肉

主料： 里脊肉200克，豌豆苗80克，鸡蛋1个。

辅料： 葱25克，干辣椒、食用油、酱油、高汤、糖、盐、味精、花椒适量。

制作方法

1. 将里脊肉洗净切成薄片；葱洗净切段；肉片用水汆一下，再用蛋清拌匀。
2. 锅内烧热食用油，放入豌豆苗，加盐、味精炒熟，盛在盘底；锅内放食用油，将干辣椒、花椒爆香，取出剁碎，放在另一碗中。
3. 用原油锅，加高汤、酱油、味精、糖、盐及葱爆一下，加入肉片，炒至断生时，连汁盛出，倒在豌豆苗上，将爆好的干辣椒、花椒倒在肉片上即可。

【营养功效】 鸡蛋中含有大量的维生素和矿物质及有高生物价值的蛋白质，对肝脏等组织损伤有修复作用。

小贴士
食用猪肉后不宜大量饮茶。

蒜蓉白肉

主料： 猪臀肉500克。

辅料： 大蒜50克，酱油50毫升，红油10毫升，冷汤50毫升，红糖、香料、味精、盐各适量。

制作方法

1. 将猪肉入汤锅煮熟，再用原汤浸泡至温热，捞出，片薄片装盘。
2. 大蒜捶蓉，加盐、冷汤调成稀糊状，成蒜蓉。上等酱油加红糖、香料在小火上熬制成浓稠状，加味精即制成复制酱油。
3. 将蒜蓉、复制酱油、红油兑成味汁淋在肉片上即可。

【营养功效】 大蒜可预防感冒，减轻发烧、咳嗽、喉痛及鼻塞等症状。

小贴士
此菜为成都"竹林小餐"名菜之一，曾风靡一时，为人们称道。

香炒麻辣猪耳

主料： 猪耳250克。

辅料： 蒜、姜、干辣椒、花椒、白芝麻、葱、糖、老抽、料酒各适量。

制作方法

1. 猪耳清洗干净后入锅，加清水，煮到用筷子可插透；猪耳煮好之后切成条，葱切段，姜、蒜切片。
2. 锅里放油，爆葱、姜、蒜、花椒；接着加入干辣椒爆香。
3. 放入切好的猪耳朵翻炒；放老抽、料酒、糖，拌炒上色；炒至收汁，出锅前放入白芝麻即可。

【营养功效】 猪耳含有碳水化合物、脂肪、蛋白质、纤维素等营养成分，具有补虚损、健脾胃的功效，气血虚损、身体瘦弱者食用对健康有益。

小贴士
猪耳朵可以扒烤或镶馅料烹调。在中国，猪耳常添加辛香料调理。

香辣猪尾

主料： 鲜猪尾600克，大葱20克，红小米椒、干辣椒各10克。

辅料： 姜片、蒜瓣、酱油、盐、辣酱各5克，食用油80毫升，味精、香油、葱花各适量。

制作方法 ○●

1. 鲜猪尾洗净，取中间部分切成段，焯去杂质捞出冲洗干净；红小米辣椒横切圈。
2. 猪尾均匀抹上酱油上色，入油锅炸至外皮起酥时捞出。
3. 锅中倒入食用油烧热，加入姜片、蒜瓣、葱结、干辣椒稍煸。
4. 倒进瓦罐中，放猪尾，加清水，小火煨制2小时，待肉烂骨酥时捞出猪尾。
5. 锅中放食用油烧热，然后放入已煨好的猪尾，加盐、味精、辣酱焖3分钟出锅，淋上香油，撒上葱花即可。

【营养功效】猪尾巴含丰富的蛋白质和胶质，有丰胸的功效。

小贴士

新鲜肉类不焯水，可以保留食材原有的香味。

剁椒炒猪心

主料： 新鲜猪心500克，鲜木耳50克。

辅料： 料酒、生抽、味精、淀粉、糖、食用油、剁辣椒、陈醋、盐、葱、姜、蒜各适量。

制作方法 ○●

1. 猪心洗净，切成薄片，加入料酒、生抽、味精、淀粉和糖抓匀，腌制30分钟。
2. 鲜木耳洗净；葱切段，分出葱白和葱青；姜切片，蒜拍扁去衣；将淀粉和清水调匀成水淀粉。
3. 烧热油，炒葱白、姜片和蒜，倒入猪心片和木耳，以大火爆炒2分钟至猪心变色。
4. 加入剁辣椒、陈醋、生抽、味精、盐和清水炒匀煮沸。
5. 撒入葱青段炒匀，淋上水淀粉勾芡即可。

【营养功效】猪心含有蛋白质、脂肪、钙、磷、铁、维生素B$_1$、维生素B$_2$、维生素C以及烟酸等，具有养心补血等功效。

小贴士

剁辣椒本身有咸味，用来给猪心调味时盐不宜多放，应先试味再下盐，否则成菜会过咸。

鱼 香 肉 丝

主料： 猪里脊肉250克，青椒2个，水发木耳适量。

辅料： 葱、姜、蒜、食用油、料酒、盐、淀粉、蚝油、生抽、醋、糖、豆瓣酱、干辣椒各适量。

制作方法

1. 将里脊肉切成丝，加入适量盐、料酒、淀粉腌制15分钟；水发木耳、青椒分别切丝；葱、姜、蒜均切末。
2. 将蚝油、生抽、醋、糖、豆瓣酱、干辣椒一同放入碗中，调匀，制成调味汁。
3. 炒锅置火上，加油烧热，加入葱、姜、蒜爆香，放入肉丝翻炒，炒至肉丝七成熟时，加入调味汁，炒匀。
4. 放入青椒、木耳，加盐、适量清水翻炒，用水淀粉勾芡即可。

【营养功效】猪肉为人类提供优质蛋白质和必需的脂肪酸，以及血红素（有机铁）和促进铁吸收的半胱氨酸，能改善缺铁性贫血。

小贴士

鱼香，是四川菜肴传统味型之一。成菜具有鱼香味，但其味并不来自"鱼"，而是泡红辣椒、葱、姜、蒜、糖、盐、酱油等调味品调制而成。

夫 妻 肺 片

主料： 牛肉、牛杂各300克，油酥花生仁50克。

辅料： 芝麻35克，辣椒油、酱油各50毫升，花椒粉、大料、味精、花椒、肉桂、盐、料酒、老卤水各适量。

制作方法

1. 将牛肉、牛杂洗净；牛肉切成大块，与牛杂一起放入锅内，加入清水，用大火烧沸，并不断撇去浮沫，见肉呈白红色，滗去汤水；牛肉、牛杂仍放锅内，倒入老卤水，放入香料包（将花椒、肉桂、大料用布包扎好）、料酒和盐，再加清水，大火烧沸约30分钟后，改用小火继续烧1.5小时，煮至牛肉、牛杂酥而不烂，捞出晾凉。
2. 卤汁用大火煮沸，约10分钟后，取碗一只，舀入卤水200毫升，加入味精、辣椒油、酱油、花椒粉调成味汁。
3. 将晾凉的牛肉、牛杂分别切成均匀的片，混合在一起，淋入卤汁拌匀，分盛若干盘，撒上油酥花生仁和芝麻即可。

【营养功效】牛肚含蛋白质、脂肪、钙、磷、铁、硫胺素、核黄素、尼克酸等，具有补虚、益脾胃的作用。

小贴士

牛杂之类的动物内脏应少吃，一星期吃上两次即可。

主料：猪瘦肉150克，花生仁150克。

辅料：酱油、料酒、醋、糖、辣椒、花椒、辣椒粉、盐、味精、淀粉、鸡蛋、葱、姜、蒜、食用油各适量。

制作方法

1.将肉切成方丁，放入酱油、料酒、淀粉、鸡蛋抓匀；花生仁用中火炒至脆香；将葱、姜、蒜、酱油、料酒、醋、盐、味精、糖、淀粉放入碗中，调成汁。

2.炒锅上火，放入油，将花椒、辣椒煸炒片刻后，加入肉丁一同煸炒。

3.再加入辣椒粉一起炒，炒出红油，待肉熟后，将汁倒入，翻炒均匀，随即放入花生仁，炒匀后装盘即可。

【营养功效】瘦肉营养丰富，具有补肾养血、滋阴润燥之功效。

小贴士

烹制时如时间较为充足，可将花生仁泡后去皮再炒熟为好，这样菜的色彩较为丰富。

主料：五花肉400克，青蒜100克。

辅料：红辣椒1个，豆瓣酱、豆豉、酱油、糖、食用油各适量。

制作方法

1.将五花肉洗净切成薄片；青蒜、红辣椒切段；豆瓣酱、豆豉分别捣碎。

2.炒锅内放少许食用油，下肉片小火炒至肉吐油，取出待用。

3.锅内热油，下豆瓣酱、豆豉炒香再放入酱油、糖炒匀，倒入肉片翻炒均匀。

4.放入青蒜、红辣椒翻炒至熟即可。

【营养功效】豆瓣酱含有丰富的蛋白质和维生素，可延缓动脉硬化，降低胆固醇，促进肠蠕动，增进食欲。

小贴士

郫县豆瓣酱是四川三大名酱之一，是川味食谱中常用的调味佳品，有"川菜灵魂"之称。

主料：猪心100克，玉竹15克。

辅料：姜、葱各10克，盐、花椒、糖、味精、香油、卤汁各适量。

制作方法

1.将玉竹拣去杂质，切成2厘米长的节，用水煎熬2次，收取汁液。姜、葱洗净，分别切成片、节。

2.将猪心剖开洗净血水，与玉竹汁液、姜、葱、花椒一同入锅。猪心煮至六成熟，捞起稍冷，放入卤汁锅，用小火煮熟捞起。

3.取适量卤汁，加入糖、盐、味精、香油加热收浓汁，均匀地抹在猪心上，切片装盘即可。

【营养功效】玉竹具有润肺滋阴，养胃生津之功效。

小贴士

玉竹味甘多脂，质柔而润，是一味养阴生津的良药。

宫保肉丁

盐煎肉

玉竹心子

红油牛百叶

主料： 牛百叶500克，干辣椒5个。

辅料： 姜、蒜各10克，香菜、料酒、辣椒酱、白醋、盐、糖、食用油、鸡精各适量。

制作方法

1. 将牛百叶洗净，切成粗丝。姜部切片，剩余切末，蒜切末。
2. 锅中放水，放入姜片，大火煮沸，放入切好的牛百叶焯烫，加入料酒煮3分钟后，捞出，过冷水，沥水备用。
3. 锅内入油烧热，放入干辣椒、辣椒酱炒香，出锅装碗。
4. 将红油倒入浸过冷水的牛百叶，加上姜末、蒜末、盐、糖、鸡精，倒入炒好的辣椒酱，搅匀即可。

【营养功效】 牛百叶含蛋白质、脂肪、钙、磷、铁、硫胺素、核黄素、尼克酸等，具有补益脾胃、补气养血、补虚益精、消渴之功效，适宜于气血不足、营养不良、脾胃虚弱之人。

小贴士

牛百叶也叫毛肚，白色的毛肚是漂过的。一般使用双氧水漂洗，如果使用纯度较高的双氧水进行漂洗，反复冲洗后对人体伤害不大，但如果使用工业双氧水，一般会有重金属残留。

黄 瓜 酿 肉

主料： 黄瓜2根，猪肉馅300克，香菇50克。

辅料： 蛋清、葱、姜、酱油、胡椒粉、淀粉、盐、料酒、糖各适量。

制作方法

1. 黄瓜洗净去皮切长段，挖去中间的籽。
2. 香菇、葱、姜均切成末，放入猪肉馅中抓匀，加蛋清、盐、料酒、酱油、胡椒粉搅匀。
3. 将肉馅填入黄瓜内，黄瓜两头沾上淀粉，逐个完成。
4. 锅内热油，放入黄瓜段，加酱油、糖、水焖煮。中间将黄瓜翻动几次，待汤汁收浓即可出锅装盘，将汤汁淋在黄瓜上。

【营养功效】 黄瓜含有维生素B_1，对改善大脑和神经系统功能有利，能安神定志，辅助治疗失眠症。

小贴士

拌肉馅时加入少许水，用力向一个方向不停地搅拌，直到肉馅吸收充足的水分，变得饱和。

酸 辣 肥 牛

主料：肥牛片250克，金针菇100克，粉丝200克。

辅料：葱、姜、蒜、豆瓣酱、酱油、干辣椒、陈醋、料酒、汤、盐、味精各适量。

制作方法

1.豆瓣酱剁碎；姜、蒜切末，葱切花；粉丝用开水泡软；干辣椒切小段，金针菇洗净去根部。

2.锅内热油，金针菇下锅断生，取出装到盆底；将豆瓣酱、蒜末、姜末放入热油锅中爆香，加入适量开水、料酒、酱油、陈醋、盐、糖煮沸。

3.放入肥牛片和粉丝煮熟，淋入陈醋，连汤带肉倒入盆中，撒上蒜末。

4.炒锅洗净，下食用油烧热，放入干辣椒段，待辣椒段变色后捞出，撒在肥牛片上；锅内油烧至十成热时，将油淋在肥牛片上，撒上葱花即可。

【营养功效】肥牛是一种高密度食品，美味而且营养丰富，能提供丰富的蛋白质、铁、锌、钙、B族维生素、叶酸、维生素B和核黄素等。

小贴士

一份肥牛中富含的锌等于12份等量的云吞鱼中锌的含量。

香 辣 蹄 花

主料：猪蹄2个，芹菜50克，朝天椒适量。

辅料：姜、蒜、葱各5克，糖、白醋、生抽、辣椒油、花椒粉、盐、鸡精、香油各适量。

制作方法

1.猪蹄处理干净，斩块；芹菜择洗干净，切段，入开水锅中焯熟；朝天椒洗净，切小段；姜部分切片，少许切末；蒜切末；葱切花。

2.猪蹄入开水锅中焯水，捞出沥水后放入汤锅中，加水、姜片、盐大火煮沸，转至小火炖熟。

3.将猪蹄捞出晾凉，加入芹菜、朝天椒、姜末、蒜末、糖、白醋、生抽、辣椒油、花椒粉、盐、味精拌匀，淋上香油，撒上葱花即可。

【营养功效】猪蹄中含有丰富的胶原蛋白，能防止皮肤过早褶皱、延缓皮肤衰老。

小贴士

临睡前不宜吃猪蹄，以免增加血黏度。猪蹄含脂肪量高，胃肠消化功能减弱的老年人每次不可食之过多。

锅 烧 牛 肉

主料： 牛肉750克，鸡蛋100克。

辅料： 淀粉100克，花椒5克，大料2克，桂皮10克，丁香10克，葱15克，姜10克，食用油、料酒、盐各适量。

制作方法

1. 牛肉洗净，加料酒、盐在牛肉内搓擦均匀；加上葱、姜、花椒、桂皮、大料、丁香上蒸笼蒸2小时至酥烂为止，取出晾凉。
2. 鸡蛋磕入碗内，加入淀粉调成全蛋糊抹在蒸好的牛肉上。
3. 锅内放食用油烧至七成热，下牛肉炸至金黄色，捞出沥油，晾凉切成段即可。

【营养功效】牛肉含有丰富的蛋白质，能提高机体抗病能力，对生长发育及手术后、病后调养的人在补充失血和修复组织等方面特别适宜。

小贴士

新鲜牛肉具有正常的气味，较次的牛肉有一股氨味或酸味。

咸 烧 白

主料： 带皮五花肉500克，芽菜150克。

辅料： 红酱油15毫升，花椒10粒，葱15克，料酒、糖、盐、食用油各适量。

制作方法

1. 锅中放入水，放入料酒、花椒、葱结煮沸，将整块的五花肉放入水中，煮15分钟左右，肉五成熟时捞起沥干水分。
2. 将红酱油均匀地涂抹在肉皮上，腌制30分钟，再抹一遍加深颜色。
3. 锅内烧热食用油，将五花肉放入油锅中炸至肉皮呈棕红色时捞出，沥油，晾凉，切大片。
4. 用红酱油、料酒、糖和食用油一起调匀成酱汁。切好的肉片逐片蘸上酱汁整齐地码在大碗内。
5. 将芽菜铺在肉片上，压实。放入蒸锅中蒸1小时取出，将碗反扣在盘中，即可。

【营养功效】此菜具有清热生津、凉血止血、下气宽中、消食化滞、开胃健脾、顺气化痰的功效。

小贴士

猪肉烹调前莫用热水清洗，因猪肉中含有一种肌溶蛋白的物质，在15摄氏度以上的水中易溶解，若用热水浸泡就会散失很多营养，口味也欠佳。

虾 须 牛 肉

主料： 牛肉500克。

辅料： 五香粉30克，辣椒粉5克，料酒70毫升，盐、糖、食用油、味精、熟芝麻、花椒粉各适量。

制作方法 ○•

1. 牛肉顺着纹路片成大片。盐上炒锅，炒干水分晾凉，搓在牛肉片上，平放在竹筛上，晾干血水。
2. 把晾好的牛肉铺在铁箅子上，用碳火烘烤约90分钟。
3. 把烤好的牛肉入笼，放入沸水锅中，用大火蒸2小时，取出晾凉后，撕成2毫米见方的细丝。
4. 锅置火上，注入食用油烧热，把牛肉丝炸透滗去油，加入料酒、辣椒粉、花椒粉、味精、糖、五香粉翻炒均匀，出锅前撒上熟芝麻即可。

【营养功效】牛肉中的肌氨酸含量比很高，这使它对增长肌肉、增强力量特别有效。

小贴士

火烘肉片时，应用小火，不宜用大火，以免肉片烧焦。

豆 渣 猪 头

主料： 猪头肉750克，豆渣200克。

辅料： 姜、葱各20克，花椒、胡椒、大料、草果、料酒、醪糟、冰糖汁、盐、酱油、食用油、味精各适量。

制作方法 ○•

1. 猪头肉洗净，去尽毛、骨渣，入清水锅用大火煮5分钟捞出，用清水冲洗后，改切大菱形块。姜、葱拍松，用于净纱布将姜、葱、花椒、胡椒、大料、草果包好。
2. 在沙锅中，放清汤，加料酒、醪糟、冰糖汁、盐、酱油和香料包，再放入猪头骨，猪头骨上放改切好的猪头肉，用大火煮沸，然后将锅口用草纸封严煮约4小时。
3. 将豆渣磨细，上笼蒸10分钟取出晾凉，用净布包起，挤去水分。锅置火上，下油烧热，放入豆渣用小火炒至豆渣酥香起锅。
4. 揭去沙锅封口草纸，捞猪头肉装盘，将烧肉原汁滗入炒锅中，放入炒好的豆渣和味精，拌匀淋于猪头肉上即可。

【营养功效】食用豆腐渣，能降低血液中胆固醇含量，减少糖尿病人对胰岛素的消耗。

小贴士

买猪肉时，拔一根或数根猪毛，仔细看其毛根，如果毛根发红，则是病猪；如果毛根白净，则不是病猪。

首乌肝片

主料： 猪肝300克，首乌15克，水发木耳25克，青菜叶50克。

辅料： 料酒10毫升，醋5毫升，姜、蒜、葱各10克，淀粉25克，盐、酱油、汤、食用油各适量。

制作方法

1. 将首乌洗净置锅内，加水适量煎熬，取药汁3次，合并药液待用。
2. 将猪肝洗净剔去筋膜，切成薄片。姜、蒜、葱洗净，葱切丝、姜切粒、蒜切片，青菜叶淘洗干净。
3. 将肝片加入一些首乌药液、盐、水淀粉拌匀。另把首乌汁、酱油、料酒、醋、水淀粉加汤兑成汁。
4. 炒锅置大火上，加入食用油烧至五成热，放入拌好的猪肝片滑透，用漏勺沥去油。
5. 锅内留底油，放姜粒、蒜片炒香后，将肝片、青菜叶放入翻炒，勾汁炒匀，淋少许明油起锅即可。

【营养功效】 猪肝能补肝明目，养血，用于血虚萎黄、夜盲、目赤、浮肿、脚气等症。

小贴士
大便溏泻及有湿痰者慎服首乌。

合川肉片

主料： 猪腿肉400克，水发笋片100克，水发木耳30克，鲜菜心50克，鸡蛋25克。

辅料： 泡椒10克，姜、蒜、葱各10克，盐、酱油、醋、糖、味精、料酒、鲜汤、淀粉、食用油各适量。

制作方法

1. 猪肉切成长约4厘米、宽4厘米、厚0.3厘米的片，加盐、料酒、鸡蛋、淀粉拌匀。
2. 水发笋片切成薄片，泡椒去籽切成菱形，姜、蒜切片，葱切成马耳朵形，用酱油、糖、醋、味精、水淀粉、鲜汤兑成芡汁。
3. 炒锅置大火上，放油烧热，将肉片理平入锅，煎至呈金黄色时翻面，待两面都呈金黄色后，将肉片拨至一边。
4. 泡椒、姜、蒜、木耳、笋片、菜心、葱迅速炒几下，然后与肉片炒匀，烹入芡汁，迅速翻簸起锅，装盘即可。

【营养功效】 笋片含有丰富的蛋白质、维生素、粗纤维、碳水化合物以及钙、磷、铁、糖等多种营养物质，具有滋阴凉血、和中润肠等功效。

小贴士
有出血性疾病、腹泻的人应不食或少食木耳。

主料：猪耳1个。

辅料：红油辣椒、葱白、盐、味精、糖、香油各适量。

制作方法

1.猪耳洗净，放入沸水锅中，煮至刚熟，取出，用一重物压平猪耳，自然晾凉。葱白切丝。

2.凉透的猪耳切成薄片，碗中加入盐、糖、味精、红油辣椒、香油调成味汁。

3.将耳片与调好的味汁、葱丝拌匀，装盘即可。

【营养功效】猪耳含有蛋白质、脂肪、碳水化合物、维生素及钙、磷、铁等，具有补虚损、健脾胃的功效，适宜气血虚损、身体瘦弱者食用。

小贴士

猪耳要挑选个大、厚实新鲜的，有异味的不要购买。

红油耳片

主料：猪耳300克，猪舌280克。

辅料：甜面酱30克，姜10克，大蒜25克，盐、味精、食用油、鲜汤、糖各适量。

制作方法

1.猪耳、猪舌洗净，去掉边角料，用猪耳裹住猪舌，以麻绳缠紧。

2.锅内烧热食用油，放入甜面酱、盐、味精、糖、姜、大蒜炒，加鲜汤，放入猪舌、耳卷，卤至软入味时，捞起晾凉。

3.将猪舌、卷耳对剖，切片，装盘，淋上酱汁即可。

【营养功效】此菜含丰富蛋白质、脂肪、胶原蛋白等，有软化血管的作用。

小贴士

猪耳、猪舌一定要缠紧，否则会散，影响成菜效果。

酱香耳卷

主料：猪瘦肉200克，炸花生仁75克，花椒10粒，干辣椒8克。

辅料：葱20克，姜、蒜、糖各12克，辣椒粉2克，盐、料酒、味精、水淀粉、酱油、食用油、醋各适量。

制作方法

1.将猪瘦肉切成中指大小的四方丁，用盐、料酒、酱油拌匀，用水淀粉浆好拌些油待用。

2.用料酒、水淀粉、葱、姜、蒜、糖和酱油、味精兑成汁。

3.炒锅烧热注入食用油，油热后下花椒，炸黄后挑除，再下辣椒炸成黑紫色后下入肉丁，翻炒几下，再加上辣椒粉。

【营养功效】瘦肉富含维生素B_1、维生素B_2、维生素B_{12}、维生素P，有很好的养生功效。

小贴士

瘦肉每天摄入不宜超过100克，吃多了会增加发生高血脂、动脉硬化等心血管疾病的危险。

麻辣肉丁

川西肉豆腐

主料：猪肉（肥瘦）500克，香菇（鲜）20克，冬笋20克，粉丝20克，鸡蛋50克，莴笋30克，黄花菜10克，木耳（水发）10克。

辅料：食用油30毫升，香辣酱20克，糖、花椒、盐、味精、淀粉、泡椒、姜、葱、大蒜各适量。

制作方法

1. 将猪肉剁细；香菇、冬笋切小丁；莴笋切滚刀块；葱切花，姜切细末；黄花菜、木耳洗净；泡椒切粒，花椒剁细；香辣酱加糖、蒜末调成味酱。
2. 鸡蛋磕入碗内打散，下入热油锅内摊成饼；将肉末加香菇丁、冬笋丁、淀粉、水、花椒、盐、味精拌匀成馅，用蛋饼卷成卷，上锅蒸熟，晾凉切片。
3. 将莴笋块、黄花菜、木耳、粉丝装入碗内，肉片码在上面。
4. 炒锅注油烧热，下入花椒、姜末、葱花炝锅，加水煮沸，倒入碗内，上锅蒸熟，撒上葱花、泡椒粒，食时蘸香辣味酱即可。

【营养功效】香菇属于高蛋白、低脂肪、多糖、多种氨基酸和多种维生素的菌类食物，有补肝肾、健脾胃等功效。

小贴士

未煮熟的香菇吃了会中毒，建议香菇用开水煮10分钟后再炒。

鹅　黄　肉

主料：猪肉250克，鸡蛋4个，马蹄75克。

辅料：淀粉35克，葱花、姜末、泡椒丝各10克，盐、味精、胡椒粉、食用油、酱油、醋、糖各适量。

制作方法

1. 马蹄洗净去皮，与猪肉分别剁细，装碗加盐、胡椒粉、味精、鸡蛋、淀粉、葱花、姜末拌匀成馅。
2. 鸡蛋调散，入锅中摊成蛋皮。将蛋皮取出铺案上，抹蛋清淀粉，放馅料，然后将蛋皮卷成宽约5厘米、厚约0.7厘米的长方形，再用刀切成"佛手"形。
3. 炒锅放食用油置大火上，烧热，放入佛手卷入锅炸熟呈黄色时捞出，装盘。
4. 锅内下食用油烧热，将泡椒丝炒熟，下酱油、醋、糖烹成鱼香汁，淋于佛手卷上即可。

【营养功效】马蹄中含的磷是根茎类蔬菜中最高的，能促进人体生长发育和维持生理功能的需要，对牙齿骨骼的发育有很大好处。

小贴士

牛奶与瘦肉不适宜同食，因为牛奶里含有大量的钙，而瘦肉里则含磷，这两种营养素不能同时被人体吸收，国外医学界称之为磷钙相克。

主料：黑笋100克，腊肉150克。

辅料：盐2克，味精、料酒、生抽、辣椒油、干辣椒、食用油、香菜叶各适量。

制作方法

1.腊肉洗净，放入沸水锅中煮至回软后捞出，切块；黑笋段用温水泡发、洗净；干辣椒洗净，切段。

2.将黑笋段放入沸水锅中煮约10分钟后捞出。

3.锅内入食用油烧热，入干辣椒炸至焦脆时，放入腊肉、黑笋段同炒，调入盐、味精、料酒、生抽、辣椒油炒匀，起锅盛入盘中，以香菜叶装饰即可。

【营养功效】笋富含膳食纤维，能促进肠道蠕动，助消化，预防便秘和结肠癌的发生。

小贴士

黑笋是烟笋的一种，通过鲜笋熏烤而成，带有烟熏味的黑笋最适合与味道浓重的肉类搭配。

黑笋节节香

主料：猪舌、猪尾各250克，冬笋250克。

辅料：冰糖（黄色）25克，料酒25毫升，葱13克，姜8克，香油、盐、味精各适量。

制作方法

1.猪舌先用水烫后，将粗皮刮去，洗净切成条。

2.猪尾刮洗干净剁成段，用开水氽透；姜切片，葱切段，冬笋去壳内皮切成梳背形。

3.炒锅热油，加入冰糖炒至紫黑色，再加汤、盐、葱、姜、料酒和猪舌、猪尾、冬笋，煮沸后把浮沫撇去，移入沙锅盖好盖，先用大火烧，上色后改小火炖烂，挑除葱、姜，收浓汁，加味精即可。

【营养功效】猪尾含有较多的蛋白质，主要成分是胶原蛋白质，是皮肤组织不可或缺的营养成分，可以改善痘疮所遗留下的疤痕。

小贴士

由于猪舌头含较高的胆固醇，凡胆固醇偏高的人都不宜食用猪舌头。

红烧舌尾

主料：猪后腿肉500克，椿芽100克。

辅料：酱油20毫升，糖15克，辣椒油10毫升，香油5毫升，味精、盐、蒜蓉、汤各适量。

制作方法

1.猪肉刮洗干净，入汤锅煮熟捞出。将汤煮沸，猪肉放入汤中浸泡10分钟，捞出沥干水分，切成粗丝，装盘。

2.椿芽洗净，入碗，用开水稍焖，捞出去掉蒂柄，切成细粒。

3.将酱油、糖、辣椒油、香油、味精、蒜蓉、盐放入碗中调匀制成酱汁，淋于肉丝上，再撒上椿芽粒即可。

【营养功效】椿芽能清热解毒、健胃理气、润肤明目、杀虫。

小贴士

香椿芽以谷雨前为佳，应吃早、吃鲜，谷雨后，其膳食纤维老化，口感乏味，营养价值也会大大降低。

香椿白肉丝

霸王兔

主料：兔肉450克，干辣椒100克。

辅料：盐、胡椒粉、料酒、酱油、淀粉、花椒、食用油、蒜瓣各适量。

制作方法

1. 兔肉洗净，砍成小块，加盐、酱油码味，然后再放淀粉将其包住。
2. 油锅烧热，将兔肉下入油锅中炸成淡淡的金黄色后捞出沥油。
3. 干辣椒洗净，切开，和花椒、蒜瓣一起下入烧热的油锅中爆香，再下入兔肉，倒入料酒、酱油焖至汁水将浓时，加盐、胡椒粉调味即可。

【营养功效】兔肉富含卵磷脂，有健脑益智的功效。

小贴士

兔肉被世界兔学协会钦定为"美容肉"、"保健肉"，素有"飞禽莫如鸪，走兽莫如兔"之说。

烟熏排骨

主料：猪排骨3根。

辅料：五香粉、盐、料酒、姜片、葱段、醪糟汁、卤水、烟熏料、香油、花椒、食用油各适量。

制作方法

1. 排骨3根相连横斩成大块，加盐、姜片、葱段、五香粉、醪糟汁、料酒、花椒拌匀码味20分钟，入笼蒸至刚熟取出，入卤水锅中煮至肉能离骨时取出，再放入热油锅中炸至色泽金黄、肉质干香时起锅。
2. 炸好的排骨放入熏炉中，点燃烟熏料，熏至排骨色暗红、烟香入味时取出，刷上香油，斩成小块装盘。

【营养功效】排骨除含有蛋白质、脂肪、维生素外，还含有大量磷酸钙、骨胶原等，具有滋阴壮阳、益精补血的功效。

小贴士

醪糟汁是用糯米蒸熟后加入酒曲经36小时发酵后制成的。

姜丝牛肉

主料：嫩牛肉300克，嫩姜150克。

辅料：料酒40毫升，酱油20毫升，淀粉20克，姜片20克，食用油500毫升，葱花、姜末、小苏打、味精、糖、胡椒粉各适量。

制作方法

1. 姜片切丝；牛肉切薄片，加小苏打、酱油、胡椒粉、淀粉、料酒、姜末、食用油和清水100毫升，腌1小时。
2. 炒锅上火，放食用油烧至六成热，放牛肉片，拌炒，待牛肉色白，倒出沥油。
3. 锅内留油复上火，放葱花、姜丝、糖、酱油、味精、清水少许，烧沸后用水淀粉勾芡，放入牛肉片拌匀，起锅装盘即可。

【营养功效】生姜具有降温提神、增进食欲、抗菌防病、治疗肠炎、开胃健脾、防暑救急的功效。

小贴士

枕边放姜有助改善睡眠，因为姜的特殊气味有安神的功效。

川 味 肉 丁

主料: 猪瘦肉150克。

辅料: 酱油20毫升,料酒20毫升,豆瓣酱15克,鸡蛋清、淀粉、盐、糖、醋、葱、姜、蒜、食用油各适量。

制作方法 ○•

1.将葱切成节,姜、蒜切成片;猪瘦肉切丁,用酱油、料酒、盐、味精腌制入味再加入蛋清、水淀粉,用手抓匀。用酱油、糖、醋、汤、料酒、盐、味精、水淀粉兑成碗芡。

2.锅上火,注入油烧热后将上好浆的肉丁与豆瓣酱同时下锅煸炒,待肉热,豆瓣酱炒出香味后下入葱节、姜片、蒜片翻炒,然后放入配料再倒入兑好的碗芡,等芡汁熟透后翻炒,芡汁均匀地将原料裹起来即可出锅。

【营养功效】豆瓣酱有补中益气、健脾利湿、止血降压、涩精止带的功效。

小贴士

豆瓣酱是蚕豆、食盐、辣椒等原料酿制而成的酱,味鲜稍辣。

川香天府兔子肉

主料: 兔肉600克。

辅料: 盐6克,酱油15克,陈醋5克,料酒15克,高汤适量,豆瓣酱15克,冰糖20克,花椒粉15克,食用油适量。

制作方法 ○•

1.兔肉洗净,切成小块,下入开水中余去血水后,捞出沥水。豆瓣酱剁细备用。

2.油锅烧至六成热,下入兔肉块、料酒滑炒至六成熟时,再加入酱油炒至上色,然后盛出。

3.原锅再次加油烧热,下入豆瓣酱、冰糖炒至成红棕色,再加入高汤、陈醋烧沸,然后倒入兔肉块煮至熟,撒上花椒粉即可。

【营养功效】此菜具有补中益气、凉血解毒等作用,常食可阻止血栓形成,对高血压、冠心病、糖尿病患者有益处。

小贴士

兔肉中所含的脂肪和胆固醇较其他肉类低,是肥胖患者理想的选择。

宫保牛肉

主料：牛肉250克。

辅料：酱油20毫升，肉汤50毫升，油炸花生仁、干辣椒末、糖、花椒、葱末、姜片、蒜片、醋、盐、味精、料酒、水淀粉、食用油各适量。

制作方法

1.牛肉切成方丁加盐、酱油、料酒、水淀粉拌匀稍腌。

2.碗内放入糖、盐、酱油、醋、料酒、味精、肉汤、水淀粉，拌成汁。

3.炒锅放食用油烧至六成热，放干辣椒末，炸至呈棕红色，加入花椒，稍后倒入牛肉丁炒散，再放葱、姜、蒜煸香，倒入兑好的味汁，边倒边翻炒，最后放花生仁炒匀即可。

【营养功效】花生中的锌含量高于其他油料作物，可有效地延缓人体衰老，具有抗老化作用。

小贴士

花生仁很容易受潮变霉，产生致癌性很强的黄曲霉菌毒素，注意不可吃发霉的花生仁。

川味牛肉

主料：牛肉500克。

辅料：干辣椒、料酒、红糖、冬笋块、盐、食用油、香油各适量。

制作方法

1.牛肉切成1寸见方的块，用铁板烤透。

2.锅内倒入食用油，放入干辣椒、料酒、红糖、冬笋块、盐、香油、烤牛脯，炖透收干汁即可。

【营养功效】牛肉有补中益气、滋养脾胃、强健筋骨、化痰息风、止渴止涎的功效。

小贴士

牛肉适用于中气下陷、气短体虚、筋骨酸软、贫血久病及面黄目眩之人食用。

芦笋牛肉

主料：牛肉200克，芦笋150克。

辅料：料酒40毫升，酱油20毫升，糖、小苏打、胡椒粉、淀粉、葱段、姜片各20克，食用油500毫升，姜末、味精各少许。

制作方法

1.芦笋切菱形片；牛肉去筋络，切成薄片，加小苏打、酱油、胡椒粉、淀粉、料酒、姜末和清水腌10分钟，加食用油，再腌1小时。

2.锅内放食用油烧至六成热，放牛肉片拌炒，色白时倒入漏勺沥油。

3.锅内留油，放葱段、姜片、糖、酱油、味精、清水少许，煮沸后，用水淀粉勾芡，放牛肉片、芦笋段拌匀，起锅装盘即可。

【营养功效】芦笋蛋白质组成具有人体所必需的各种氨基酸，含量比例恰当，无机盐元素中有较多的硒、钼、镁、锰等微量元素，具有调节机体代谢，提高身体免疫力的功效。

小贴士

芦笋不宜生吃，也不宜长时间存放，存放一周以上最好就不要食用了。

麻辣牛肉条

主料：牛肉500克。

辅料：食用油、葱、姜、料酒、芝麻、盐、干辣椒、花椒、味精、辣椒油各适量。

制作方法

1.把牛肉去筋洗净，切成两个整齐的大块放入深盘内，放入洗净拍松的葱、姜、盐、料酒腌制1小时待用；葱切段，姜切末；干辣椒切成节；芝麻洗净炒熟待用。

2.蒸锅置火上，将腌好的牛肉放入笼屉内用大火蒸至软烂，取出晾凉，切成条，然后放入油锅中炸干水分，捞出控去油。

3.锅内留底油，下入花椒、干辣椒、葱段、姜末煸出香味加入汤，放入炸好的牛肉条、盐、料酒烧制，然后中火收汁，汁干时加入辣椒油，撒上炒熟的芝麻翻炒均匀即可。

【营养功效】牛肉蛋白质含量高，而脂肪含量低，氨基酸组成比猪肉更接近人体需要，具有强健筋骨、化痰息风等功效。

小贴士

炸牛肉条时，要注意掌握火候，肉条要炸干，勿炸糊。

灯 影 牛 肉

主料：黄牛后腿腱子肉500克。

辅料：糖25克，花椒粉15克，辣椒粉25克，料酒100毫升，盐、五香粉、味精、姜片、香油、食用油各适量。

制作方法

1.牛肉去除浮皮保持洁净（勿用清水洗），切去边角，片成大薄片，然后放在案板上铺平面理直，均匀地撒上炒干水分的盐，裹成圆筒形，晾至牛肉呈鲜红色（夏天14小时左右，冬天四天左右）。

2.将晾干的牛肉片放在烘炉内，平铺在钢丝架上，用木炭火烘约15分钟，至牛肉片干结，上笼蒸约30分钟取出，切成小片，再上笼蒸约1.5小时取出。

3.炒锅烧热，下食用油烧至七成热，放姜片炸出香味捞出，待油温降至三成热时，将锅移置小火上，放入牛肉片慢慢炸透，滗去约三分之一的油，烹入料酒拌匀，再加辣椒粉和花椒粉、糖、味精、五香粉，颠翻均匀，起锅晾凉淋上香油即可。

【营养功效】牛肉可补虚温中、止血治崩、补虚损、益虚赢、行乳汁。

小贴士

感冒伴有头痛、乏力、发热的人忌食。

麻酱腰片

主料: 猪腰500克。

辅料: 芝麻酱50克, 盐、味精、红油、香油、鸡汤各适量。

制作方法

1.芝麻酱用冷鸡汤调散, 加入盐、味精、红油、香油, 调和成麻酱汁待用。

2.猪腰剥去薄膜, 一剖两瓣, 片去腰臊, 斜片成薄片, 下沸水锅内余熟后捞出, 沥干水分。

3.将兑好的汁浇在腰片上拌匀, 装盘即可。

【营养功效】猪腰含有蛋白质、脂肪、碳水化合物、钙、磷、铁和维生素等, 具有通膀胱、消积滞、止消渴等功效。

小贴士

片腰臊时, 一定要片干净, 否则食之会有腥味, 影响口感。

四川辣味香肠

主料: 猪肉 (瘦) 350克, 猪肉 (肥) 150克, 猪小肠300克。

辅料: 盐、花椒粉、辣椒粉、香油、料酒各适量。

制作方法

1.猪肉削去筋膜, 切成片; 盐炒热放在盆中加肉片、香油、花椒粉、辣椒粉、料酒一起拌匀。

2.猪小肠套在漏斗嘴上, 将拌好的肉料从漏斗中灌入肠中, 每隔一处 (均匀) 结扎一次。

3.将扎好的猪小肠置于通风处晾干水分, 再放到蒸笼中蒸约20分钟即可。

【营养功效】猪小肠含有蛋白质、膳食纤维、硫胺素、维生素C、铁、镁、磷、钾、锌、铜等成分, 有清热、祛风、止血等功效。

小贴士

操作第二步时, 应在猪小肠上扎出针眼放气, 防止蒸时裂口。

辣子酱爆肉

主料: 猪里脊肉500克, 鸡蛋1个, 黄瓜50克, 笋尖30克。

辅料: 干辣椒、甜面酱、酱油、淀粉、味精、食用油、葱、姜各适量。

制作方法

1.将猪肉切丁, 入味上浆; 笋尖、黄瓜切丁, 葱切段, 姜切片, 鸡蛋打散。

2.锅中放食用油烧至三成热, 下入肉丁滑散, 再下入黄瓜丁、笋丁、鸡蛋液略微过一下盛出。

3.锅中留油少许, 下入葱段、姜片、干辣椒、甜面酱炒香, 倒入滑过油的原料, 加酱油、味精, 用水淀粉勾芡, 炒匀即可。

【营养功效】此菜富含蛋白质和人体必需的脂肪酸, 并能提供血红素 (有机铁) 和促进铁吸收的半胱氨酸, 可改善缺铁性贫血。

小贴士

猪肉在未剔除肾上腺和病变的淋巴结时不宜食用, 否则人食用后很容易感染疾病。

主料：猪排骨（大排）750克。

辅料：大蒜（白皮）、大葱、干辣椒、花椒、蒸肉粉、芡粉、食用油各适量。

制作方法

1.将排骨剁成块，洗净；大蒜剁成蓉，加水，调成蒜蓉水；大葱切成花，备用。

2.用蒜蓉水、盐、蒸肉粉、芡粉把排骨段腌入味待用。

3.炒锅内注入食用油烧热，将排骨放入油锅中炸3分钟，然后捞出并留少许油，下入干辣椒、花椒炒香，放入炸好的排骨煸炒，加入盐炒匀焖5分钟，最后撒上葱花即可。

【营养功效】排骨提供人体生理活动必需的优质蛋白质、脂肪，尤其是丰富的钙质可维护骨骼健康。

小贴士

将排骨放入油锅中炸时，应充分炸熟炸透。

辣子蒜香骨

主料：排骨500克，香菇50克。

辅料：葱、蒜蓉辣酱、味精、香菜、盐、老抽、胡椒粉、鸡精、料酒、香油、姜、食用油各适量。

制作方法

1.将排骨洗净，剁成段，用凉水冲去血迹，晾干水分；香菜切末。

2.将蒜蓉辣酱、味精、盐、鸡精、老抽、胡椒粉、香油、料酒调成酱，均匀地抹在排骨上。

3.将排骨、香菇放入蒸笼蒸熟，撒上香菜末，烧热食用油浇在菜上即可。

【营养功效】此菜可补肾益气、健身壮力、健体祛病。

小贴士

排骨一定要冲去血水；蒸时最好在蒸笼放个盘子，以免汁流失。

辣味蒸排骨

主料：猪肉（肥瘦）150克，青椒300克。

辅料：料酒、酱油、淀粉、盐、油各适量。

制作方法

1.青椒清洗干净，切去两端，并挖出籽。

2.猪肉绞碎，加入料酒、酱油、淀粉拌匀，用筷子将肉馅慢慢塞入青椒中。

3.锅中倒入食用油烧热，放入青椒，将外皮略煎至表面微黄时加入酱油、盐、清水、淀粉煮沸，改用小火烧入味，直至汤汁收干时即可。

【营养功效】青椒含有抗氧化的维生素和微量元素，还含有丰富的维生素C、维生素K，能增加食欲、帮助消化。

小贴士

可先在肉馅里搅拌少许油，以防止烹饪时出水；此菜也可以采用蒸的方法。

青椒酿肉

苦瓜酿肉

主料：苦瓜750克，猪肉（去皮）300克。

辅料：鸡蛋1个，食用油、冬菇、虾、蒜瓣、盐、酱油、味精、面粉、淀粉各适量。

制作方法

1.苦瓜切成段去瓤，用冷水煮熟后控干水；猪肉剁成泥，冬菇、虾切碎，加鸡蛋、面粉、水淀粉、盐调成馅，塞入苦瓜段，用水淀粉封两端。
2.将酿好的苦瓜放入油锅炸至表面呈淡黄色捞出，竖放在碗里，撒上蒜瓣，加酱油上笼蒸熟并翻扣盘中。
3.将蒸苦瓜的原汁倒入油锅煮沸，加味精、水淀粉勾芡，淋在苦瓜上即可。

【营养功效】苦瓜中的苦瓜甙和苦味素能增进食欲，还含有蛋白质成分及大量维生素C能提高机体的免疫功能。

小贴士

苦瓜除了要挑果瘤大、果行直立的，还要洁白漂亮，因为如果苦瓜出现黄化，就代表已经过熟，果肉柔软不够脆，失去苦瓜应有的口感。

脆皮肠头

主料：猪大肠500克。

辅料：黄瓜200克，盐、香油、姜、味精、葱花、辣椒粉、孜然、大料、茴香、花椒各适量。

制作方法

1.黄瓜切丝；猪大肠洗净，放入盐、味精、姜、大料、花椒、孜然、茴香码味2小时，除水下锅卤至软时捞起。
2.锅内下食用油烧至六成热，下猪大肠炸至金黄色，酥脆时起锅。
3.黄瓜垫底，将猪大肠改成一指条平摆于垫底的盘中，撒上葱花、辣椒粉，淋上香油即可。

【营养功效】黄瓜中含有丰富的维生素E，所含的丙氨酸、精氨酸和谷胺酰胺可防治酒精中毒。

小贴士

炸制时火候不宜过大，油温不宜过高，时间不宜过长，否则肠头易糊。

青椒肉丝

主料：猪肉（肥瘦）200克。

辅料：青椒、食用油、盐、料酒、面酱、葱、酱油、淀粉、味精、姜、汤各适量。

制作方法

1.将肉、葱、姜和青椒（去籽和瓤）均匀切成丝，肉丝用少许酱油、料酒、盐拌匀，然后浆上水淀粉，再抹些食用油。
2.用酱油、料酒、味精、葱、姜、汤、水淀粉兑成汁。
3.锅内下油烧热，下肉丝并搅动，加入面酱，待散出味后加青椒炒几下，再倒入兑好的汁，待起泡时翻匀即可。

【营养功效】此菜能增进食欲、帮助消化、促进肠蠕动、防止便秘。

小贴士

肉丝不要炒太久，否则口感不好。

主料：猪排骨250克。

辅料：孜然粉、花椒粉、辣椒粉、葱末、姜末、料酒、糖、盐、味精、红油各适量。

制作方法

1.猪排骨斩小段后洗净，用盐、姜末、葱末、料酒拌匀腌2小时以上。
2.再放入孜然粉、花椒粉、辣椒粉、糖、味精、红油，拌匀。
3.将拌好的排骨放入微波炉里烤10分钟即可。

【营养功效】猪排骨富含的丰富钙质，可维护骨骼健康。

小贴士
用孜然调味，用量不宜过多。孜然性热，所以夏季应少食。

孜然排骨

主料：猪排骨1000克。

辅料：剁椒20克，小米椒15克，大料、山奈、香叶各5克，蒜蓉、葱、姜、盐、味精、料酒、蚝油、香料各适量。

制作方法

1.将猪排骨提前浸泡2小时，然后冷水下锅煮沸后加入盐、料酒、大料、山奈、香叶、葱、姜，待水沸后放入排骨，煮至八成熟时捞出备用。
2.坐锅点火倒油，将剁椒用清水洗净，控干水分，下入锅中炒出红油，放入蒜蓉、蚝油炒匀，出锅浇在排骨上；待蒸锅上汽后放入排骨蒸20分钟。
3.将蒸好的排骨取出，撒上小米椒、葱花、味精，淋上少许热油即可。

【营养功效】排骨中丰富的钙质可维护骨骼健康。

小贴士
排骨要洗净，烫时要凉水下锅，这样污物容易出来，要蒸烂，口味不要咸。

剁椒手抓骨

主料：五花肉250克，四川冬菜100克。

辅料：泡椒25克，食用油、酱油、盐、豆豉、姜、蒜各适量。

制作方法

1.猪肉用清水煮熟，捞出用净布擦去肉皮上的油和水，抹上酱油；冬菜洗净切粒状，泡椒切短节，姜、蒜切片。
2.炒锅烧热，注少许食用油，油将沸时把肉皮向下放入，炸至焦黄色为度，晾凉后把肉切成薄片。
3.皮向下把肉按鱼鳞状排列摆在碗底，浇料酒、酱油，加入盐，再放入适量豆豉和2~3节泡椒以及冬菜，上屉蒸1小时至熟，取出翻扣于盘中。

【营养功效】冬菜营养丰富，含有多种维生素，有开胃健脑等功效。

小贴士
肥瘦相间的五花肉，带皮炒，可利用猪皮融化的胶质，增加菜品粘稠香浓的口感，比勾芡的效果好。

冬菜扣肉

椒 盐 排 骨

主料：排骨750克。

辅料：鸡蛋1个，大蒜瓣、青椒、姜、椒盐、酱油、料酒、淀粉各适量。

制作方法

1. 排骨用水冲洗干净后，倒入酱油、料酒、水淀粉，放入蒜瓣，腌制2小时入味。
2. 鸡蛋打散，加入少许淀粉拌匀成鸡蛋糊；锅中倒油，烧至七成热后，将排骨在鸡蛋糊中裹一下后入油锅炸，炸熟后沥油捞起待用。
3. 青椒、姜切丝，入油锅翻炒爆香，放入之前炸好的排骨，加适量的椒盐一起翻炒片刻，至椒盐均匀地铺满排骨表面即可。

【营养功效】排骨含有丰富的骨粘蛋白、骨胶原、磷酸钙、维生素、脂肪等营养物质。此菜具有促进骨骼生长的作用。

小贴士

排骨汁要腌制入味。炸排骨时油温要掌握好，高油温炸至排骨定型，再用小火炸熟，然后用高油温重炸一次，这样可使排骨香酥、含油少。

菠 萝 咕 噜 肉

主料：猪瘦肉300克，菠萝300克。

辅料：青辣椒、红辣椒、鸡蛋各1个，干辣椒、白醋、番茄酱、淀粉、盐、味精、糖、料酒、胡椒粉、山楂片、食用油、葱段、蒜蓉各适量。

制作方法

1. 将猪瘦肉切成厚片，放入盐、味精、鸡蛋、淀粉、料酒拌匀腌制入味；将青辣椒、红辣椒、菠萝切成三角块。
2. 肉片挂鸡蛋，拌入淀粉；将白醋、番茄酱、糖、盐、山楂片、胡椒粉调成味汁。
3. 肉片入热油锅内炸熟捞出；锅中留底油，将葱段、蒜蓉、干辣椒爆香，再放入新鲜辣椒与菠萝炒熟，用调好的汁勾芡，放入肉片翻炒即可。

【营养功效】菠萝含有一种叫"菠萝朊酶"的物质，它能分解蛋白质，改善局部的血液循环，消除炎症和水肿。

小贴士

吃菠萝时先把菠萝去皮切成片，然后放在淡盐水里浸泡30分钟，再用凉开水浸洗，去掉咸味再烹饪。

主料：猪腰200克，笋片40克。

辅料：冬菇片20克，泡椒15克，醋、辣椒油、淀粉、葱、姜、胡椒粉、酱油、味精、蒜蓉、花椒粉、料酒、食用油、糖、盐各适量。

制作方法

1.先将猪腰切半，取掉腰心杂物洗净，打梳形花刀，切成小条，撒少许盐、料酒、胡椒粉抹匀，用干净布挤干。
2.将猪腰放入淀粉内翻滚，再放入油锅一熘捞出；姜、葱、酱油、胡椒粉、花椒粉、辣椒油、味精、蒜蓉、糖、醋、淀粉做成鱼香味料。
3.泡椒丁、冬菇片、笋片放入油锅内炒拌，加猪腰炒匀即可。

【营养功效】此菜富含蛋白质、脂肪、碳水化合物、钙、磷、铁和维生素等，具有消积滞、止消渴等功效。

小贴士
猪腰熘油锅时把握好时间，以保持鲜嫩。

鱼香腰花

主料：猪里脊肉200克，土豆500克。

辅料：鸡蛋1个，料酒、鸡精、面粉、葱花、红油、辣椒粉、椒盐水、淀粉、红辣椒末各适量。

制作方法

1.土豆切成片，加料酒、鸡精拌匀；猪里脊肉切成薄片，加辣椒粉、椒盐水稍腌制，放淀粉、面粉适量，上蛋清，用牙签插入以免散掉。
2.将土豆片、肉片分别放入四成热的油锅中炸透待用。
3.锅内放红油、适量葱花、红辣椒末稍炒，加入炸好的土豆片和肉片炒熟即可。

【营养功效】土豆富含维生素B_1、维生素B_2、维生素B_6和泛酸等B群维生素及大量的优质纤维素，此菜具有抗衰老的功效。

小贴士
土豆宜去皮吃，有芽眼的部分应挖去，以免中毒。

土豆盐煎肉

主料：猪肉150克，青椒100克。

辅料：淀粉、料酒、食用油、香油、醋、盐、味精、葱末、姜末各适量。

制作方法

1.青椒去蒂洗净，每只剖成两半，除去籽，把水淀粉抹在青椒心内。
2.猪肉洗净剁碎，拌入葱末、姜末、料酒、味精、盐，一边搅和一边逐步加入水上劲，再加上少量水淀粉；把拌好的馅塞满青椒心。
3.炒锅置中火上烧热，用油滑锅后，下入食用油，投入塞满肉馅的青椒，轻煸几分钟后，加入盐、醋及清水适量，改用大火收浓汤汁，加味精，下水淀粉勾薄芡，沿锅边淋上香油即可。

【营养功效】辣椒强烈的香辣味能刺激唾液和胃液的分泌，可增进食欲、促进肠蠕动、帮助消化、防止便秘。

小贴士
辣味重的青椒容易引发痔疮、疮疖等炎症，故辣的青椒要少吃。

青椒塞肉

东 坡 肘 子

主料： 猪肘子750克。

辅料： 雪山大豆、小白菜、葱节、料酒、姜、盐各适量。

制作方法

1. 猪肘子刮洗干净，顺骨缝划一刀，放入汤锅煮透，捞出剔去肘骨，放入砂锅内。
2. 砂锅内下入煮肉原汤，一次加足，放葱节、姜、料酒，大火煮沸。青菜洗净，入沸水中氽熟，垫在碗底。
3. 雪豆洗净，下入煮沸的砂锅中盖严，移小火上煨炖，直至用筷子轻轻一戳肉皮即烂，装盘。食用时放盐，连汤带豆舀入碗中上席，蘸以酱油味汁食之。

【营养功效】 此菜可防止血管硬化，预防心血管疾病，保护心脏，补充钙，防止因缺钙引起的骨质疏松，促进骨骼发育。

小贴士

东坡肘子是苏东坡制作的传统名菜。它有肥而不腻，耙而不烂的特点，色、香、味、形俱佳，有人称其为"美容食品"，外宾赞颂它"可列入世界名菜"。

麻 辣 兔 肉

主料： 兔肉200克，鸡蛋2个。

辅料： 淀粉10克，黄瓜片25克、盐、料酒、酱油、味精、姜片、葱片、辣椒油、花椒粉、食用油、干辣椒段、香油各适量。

制作方法

1. 取兔肉洗净，去筋膜，切成均匀的薄片，放入瓷盆中，加清水浸泡30分钟，发白后，去其血污，沥干水分，加料酒、盐、鸡蛋、淀粉上浆，拌匀。
2. 锅烧热，倒入食用油，烧至四成热时，下入兔肉片滑散至熟时，倒入漏勺沥油，余油倒出。
3. 净锅烧热，放入食用油，烧至五成热，放入干辣椒段，炸香，捞出，再下入花椒粉，炒匀出香味，投入葱片、姜片、黄瓜片，倒入兔肉片，加盐、料酒、酱油、辣椒油、味精翻炒均匀，淋入香油，出锅入盘即可。

【营养功效】 兔肉富含大脑和其他器官发育不可缺少的卵磷脂。

小贴士

兔肉必须顺着纤维纹路切，这样加热后，才能保持菜肴的形态整齐美观，肉味更加鲜嫩。

主料：风干兔肉500克。

辅料：剁椒、姜、葱、食用油、香油、米粉、盐、鸡精各适量。

制作方法
1.兔肉用温水泡一会，清洗干净，剁成小块；姜切成细丝，撒入适量米粉和剁椒，搅拌均匀成拌料，葱切末。
2.将兔肉放在大碗中，加入食用油、香油、盐、鸡精以及拌料，再次拌匀。
3.将拌好的料放入蒸笼中蒸30分钟后，撒上葱末即可。

【营养功效】兔肉富含大脑和其他器官发育不可缺少的卵磷脂，有健脑益智的功效；还含有多种维生素和8种人体所必需的氨基酸。

小贴士
如果兔子肉太干的话可加上一汤匙的水。

剁椒米粉蒸兔肉

主料：兔肉800克，西芹150克。

辅料：盐、孜然粉、味精、料酒、姜丝、蒜末、辣椒粉、香油、食用油各适量。

制作方法
1.将兔肉漂去白水，改刀成小方块，用适量盐码好；西芹去筋，切成小方块。
2.锅置大火上，下油，把码好的兔用七成热油炸成色红，出香味时起锅；西芹用中油温拉一下起锅待用。
3.锅置中火上，下油、姜丝、蒜末、辣椒粉，炒香出色，下兔块、西芹、盐、味精、料酒、辣椒粉快速翻炒几下，滴几滴香油，放入适量孜然粉，翻转起锅装盘即可。

【营养功效】此菜富含卵磷脂、多种维生素、人体所必需的氨基酸等营养成分，具有促进人体器官发育等功效，适宜青少年食用。

小贴士
炸制时的油温一定要掌握好，不能把西芹和兔块炸老了。

西芹香辣兔

主料：熟羊肉500克，干辣椒25克。

辅料：食用油、酱油、醋、花椒粉、盐、味精、香油、葱花各适量。

制作方法
1.羊肉切成长方片；干辣椒用清水泡软，切段备用。
2.将羊肉片放入七成热油中，炸透，倒入漏勺。
3.原锅留少许底油，用葱花、红辣椒炝锅，放入羊肉片煸炒片刻，烹醋，加酱油、盐，添汤煮沸，再放入花椒粉，移小火烧至汤汁稠浓时，加入味精，淋香油，出锅装盘即可。

【营养功效】羊肉含蛋白质、脂肪、钙、磷、铁、B族维生素、维生素A、烟酸等，具有补肾壮阳、补虚温中等作用，男士适合经常食用。

小贴士
羊肉特别是山羊肉膻味较大，煮制时放个山楂或加一些萝卜、绿豆，炒制时放葱、姜、孜然等佐料可以祛除膻味。

麻辣羊肉

麻辣羊蹄花

主料： 羊蹄1000克。

辅料： 干辣椒50克，香菜、泡菜、桂皮、料酒、盐、酱油、味精、胡椒粉、香油、食用油、大葱、姜各适量。

制作方法

1. 羊蹄放在火上烧去残毛，用温水泡上，刮洗干净，剁去爪尖，放入冷水锅中煮透捞出，再用清水洗净，下入垫有竹篾的沙锅内，放水，以没过羊蹄为准，料酒、盐、酱油、桂皮、干辣椒和拍破的葱、姜，在大火上煮沸，撇去泡沫。

2. 用小火煨到七成烂时捞出，稍冷，把骨拆去，切成块，扣入碗内，皮朝下，放入原汤，再上笼蒸烂。

3. 泡菜切碎，大蒜洗净，切成花；小鲜红辣椒切成细丝。

4. 将油烧到六成热时下泡菜和大蒜炒一下，同时，取出羊蹄翻扣在盘内，把汁滗入锅中，加味精，勾芡，撒上胡椒粉，淋在羊蹄上，再淋上香油，撒香菜即可。

【营养功效】蹄筋中含丰富的胶原蛋白质，脂肪含量也比肥肉低，并且不含胆固醇，能增强细胞生理代谢。

小贴士

羊蹄买回来后放在清水中泡3小时，可释放出细菌。

腊牛肉

主料： 腊牛肉250克。

辅料： 冬笋50克，鲜红辣椒100克，青蒜50克，盐、香油、酱油、食用油各适量。

制作方法

1. 将腊牛肉洗净，切成段，盛入瓦钵内，上笼蒸1小时后取出，横着肉纹切薄片；冬笋切成与腊牛肉大小一样的片。

2. 鲜红辣椒洗净，去蒂去籽，切成小片；青蒜切成段。

3. 锅内放食用油大火烧至六成热，放冬笋片煸出香味，加辣椒炒几下，加盐、酱油再炒几下，然后扒至锅边，放入腊牛肉急炒30秒钟，再下青蒜段、冬笋片、辣椒片一并炒匀，盛入盘中，淋香油即可。

【营养功效】牛肉含有大量的蛋白质、脂肪、维生素B$_1$、维生素B$_2$、钙、磷、铁等成分，有补脾益气、养血强筋等功效。

小贴士

牛肉的纤维组织较粗，结缔组织又较多，应横切，将长纤维切断，不能顺着纤维组织切，否则不仅没法入味，还嚼不烂。

禽蛋类

禽蛋类食品注意事项

禽肉的食用价值及挑选技巧

禽分飞禽和家禽两大类，家禽是人类驯养的鸟类，如鸡、鸭、鹅、鸽子等，是人类常食的食物之一。

食用价值

禽肉含有丰富的蛋白质、脂肪、无机盐和维生素。禽肉中蛋白质含量一般为20%，并能供给多种必需的氨基酸。禽肉中脂肪熔点较低（33～34℃），易于消化，所含亚油酸占脂肪含量的20%，这是一种必需的脂肪酸。鸡肉脂肪含量约为2%，鸭肉为7%，鹅肉为11%左右。禽类肝脏中富含维生素A，鸡肝中的维生素A相当于猪肝的1～6倍。禽肉中每100克含维生素E为90～400微克。禽肉中富含铁质，禽肝中含铁量更高。

禽肉中最常食用的种类为鸡肉和鸭肉。鸡肉富含蛋白质、脂肪、钙、磷、铁、维生素B等营养成分，有温中益气、降逆止呕、补益精髓等功效。鸭肉富含蛋白质、脂肪、碳水化合物、钙、磷、铁、B族维生素等营养成分，有滋养养胃、补血行水、利水消肿等功效。

挑选技巧

市场上禽肉种类较多，鱼龙混杂，购买时稍不注意，就有可能上当受骗。不过，如果稍加注意，便能避免上当，不仅能保证享受鲜美的禽肉，还能保障家人的健康。

挑选禽肉的方法很多，以鸡为例。目前，在超市的鸡肉大多为肉鸡，缺乏"鸡味"，不过，集贸市场上买活鸡可代为宰杀，只要挑选得当，即可享受鲜美的鸡肉。

挑选健康的鸡：精神活泼，爪壮有力，羽毛紧密而油润；眼睛有神、灵活，眼球充满整个眼窝；冠与肉髯颜色鲜红，冠挺直，肉髯柔软；两翅紧贴身体，毛有光泽。

挑选嫩鸡：脚掌皮薄，无僵硬现象，脚尖磨损少，脚腕间的突出物短。

挑选散养鸡：散养鸡也称柴鸡、草鸡、土鸡，适合做汤。散养鸡的脚爪细而尖长，粗糙有力；圈养鸡脚短、爪粗、圆而肉厚。

识别活宰和死宰：屠宰刀口不平整，放血良好的是活鸡屠宰；刀口平整，甚至无刀口，放血不好，有残血，血呈暗红色，则可认定它是死后屠宰的鸡。

识别注水鸡：如果鸡的翅膀后面有红针点，周围呈黑色，可能是注水鸡；用手掐鸡的皮层，明显感觉打滑，一定是注过水的。

优质鸡肉：眼球饱满，皮肤有光泽，因品种不同可呈淡黄、淡红和灰白等颜色，肌肉切面具有光泽，表面微干或微湿润，不黏手，指压后的凹陷能立即恢复。

优质冻鸡肉：解冻后，眼球饱满或平坦，皮肤有光泽，因品种不同而呈黄、浅黄、淡红、灰白等色，肌肉切面有光泽，表面微湿润，不黏手，指压后的凹陷恢复慢，且不能完全恢复；具有正常气味。

鸡蛋的五大益处及选购技巧

　　鸡蛋是人类常食用的食品之一，主要由蛋壳、蛋白和蛋黄组成，含有大量的维生素、矿物质及有高生物价值的蛋白质等营养成分，对人体有重要补益作用。

五大益处

　　1.健脑益智。鸡蛋黄中的卵磷脂、甘油三脂、胆固醇和卵黄素，对神经系统和身体发育有很大的作用。卵磷脂被人体消化后，可释放出胆碱，胆碱可改善各个年龄段的记忆力。

　　2.保护肝脏。鸡蛋中的蛋白质对肝脏组织损伤有修复作用。蛋黄中的卵磷脂可促进肝细胞的再生，还可提高人体血浆蛋白量，增强肌体的代谢功能和免疫功能。

　　3.防治动脉硬化。美国科学家用鸡蛋来防治动脉粥样硬化，获得了出人意料的效果，他们从鸡蛋、核桃、猪肝中提取卵磷脂，每天给患心血管病人吃4~6汤匙。3个月后，患者的血清胆固醇显著下降。

　　4.预防癌症。鸡蛋中含有较多的维生素B_2，维生素B_2可以分解和氧化人体内的致癌物质。鸡蛋中的微量元素，如硒、锌等也都具有防癌作用。

　　5.延缓衰老。鸡蛋含有人体所需的多种营养物质，不少长寿老人的延年益寿经验之一，就是每天必食一个鸡蛋。中国民间流传的许多养生药膳也含有鸡蛋。例如，何首乌煮鸡蛋、鸡蛋煮猪脑、鸡蛋粥等等。鸡蛋特别适合中老年人食用，高血压、高血脂者也可经常服食。

选购技巧

　　鸡蛋选购技巧很多，选购时稍加注意就能买到安全、营养的鸡蛋。

　　观察：蛋壳上附着一层霜状粉末，蛋壳颜色鲜明，气孔明显的是鲜蛋；陈蛋正好与此相反，并有油腻。

　　透视：左手握成圆形，右手将蛋放在圆形末端，对着日光透射，新鲜的鸡蛋呈微红色，半透明状态，蛋黄轮廓清晰；如果昏暗不透明或有污斑，说明鸡蛋已经变质。

　　听：把鸡蛋放在耳旁，用手轻摇，无声的是鲜蛋，有水声的是陈蛋。

　　试：把蛋放入冷水中，如果蛋平躺在水里，说明很新鲜；如果倾斜在水中，至少已存放3~5天了；如果笔直立在水中，可能存放10天之久；如果浮在水面上，有可能已经变质。

　　如何辨别假鸡蛋：假鸡蛋蛋壳的颜色比真鸡蛋的外壳亮一些，但不太明显，用手触摸，会觉得比真鸡蛋粗糙一些。在晃动假鸡蛋时会有声响，这是因为水分从凝固剂中溢出的缘故。细细地闻，真鸡蛋会有隐隐的腥味，而假鸡蛋没有。假鸡蛋打开后不久，蛋黄和蛋清就会融到一起。这是因为蛋黄与蛋清是同质原料制成所致。

白果烧鸡

主料：仔母鸡500克，白果100克。

辅料：生抽25毫升，老抽10毫升，姜片15克，盐、胡椒粉、食用油、鸡汤、料酒各适量。

制作方法

1.将鸡洗净，切件，以盐、胡椒粉和少许生抽调味备用。

2.将白果壳敲开，连壳入开水锅中，略焯后取出，剥去壳洗净。

3.开锅下油，放入姜片爆香，下鸡件大火翻炒片刻，攒料酒，加鸡汤、白果和生抽，用中火焖煮15分钟，最后下老抽、盐，调味收汁即可。

【营养功效】白果含有人体必需的氨基酸，是合成胶原蛋白的主料，胶原蛋白能使皮肤光泽、富有弹性。

小贴士

青城山上有一棵已有500多年历史的银杏树，所结白果大而结实。青城山曾有一位年高的道长久病不愈，日益消瘦。天师洞的一位道士多次取用该树所结的白果，同嫩母鸡烧汤，小火炖浓后，给道长食用，使道长病情好转。从此，“白果烧鸡”便闻名蓉城和整个四川地区，成为一款特色名菜。

大千子鸡

主料：童子鸡900克。

辅料：青椒、红椒各45克，鸡蛋清40克，食用油75毫升，酱油20毫升，淀粉、味精、糖、大蒜、糖色、盐、香油各适量。

制作方法

1.鸡洗净，连骨剁成长条，加入酱油、鸡蛋、淀粉拌匀，备用。

2.青椒、红椒洗净，去蒂，切成同鸡块同样大小相同的条状；蒜切片。

3.油入锅烧至七成热，鸡块倒入过油，至熟透后捞起沥干。

4.锅中留少许油，将青椒、红椒、蒜片爆香，再倒入鸡块与酱油、味精、糖、醋、糖色、盐、淀粉、香油适量，快速翻炒均匀即可。

【营养功效】鸡蛋清不但可以使皮肤变白，而且能使皮肤细嫩。这是因为它含有丰富的蛋白质和少量醋酸，蛋白质可以增强皮肤的润滑作用，醋酸可以保护皮肤的微酸性，以防细菌感染。

小贴士

国画大师张大千先生讲究美食。在日本时，他曾指点东京的中国料理师傅，传授了一道他自己改良的新鲜菜式，由嫩鸡丁和香脆的青椒、红椒一起配合而成，极受顾客喜爱。因为此菜由张大千先生口授，所以取名“大千子鸡”。

主料：光鸡1只，土豆400克，手工面条100克。

辅料：干辣椒、花椒、大料、西红柿膏、青椒、辣椒碎、蒜、姜、生抽、二汤、盐、糖、食用油各适量。

制作方法

1. 将土豆去皮洗净，切块备用。
2. 将鸡宰好，斩块，以生抽、盐、糖拌匀，下锅爆香，捞起。
3. 爆香蒜、姜，下鸡块，加二汤、干辣椒、花椒、大料、西红柿膏及土豆块，用中火焖熟至入味，下青椒，调味便可。将煮熟的手工面条铺底或放在鸡上，蘸鸡汁吃。

【营养功效】面条易于消化吸收，有改善贫血、增强免疫力、平衡营养吸收等功效。

小贴士

买来的切面有时碱味很重，在面条快煮好的时候，加入几滴醋，可以使面条碱味全消，面条的颜色也会由黄变白。

大盘鸡

主料：鸭肉1000克。

辅料：大米80克，五香粉、甜面酱、姜末、葱花、料酒各适量。

制作方法

1. 将鸭肉切成块，用料酒、五香粉、甜面酱和葱花、姜末拌匀略腌。
2. 大米用清水泡透捞出，沥干水分，然后擀成粗米粉，加入鸭肉拌匀。
3. 拌匀米粉的鸭肉块整齐地装入蒸碗，上笼蒸1小时左右取出，扣入平盘即可。

【营养功效】鸭肉中含有较为丰富的烟酸，它是构成人体内两种重要辅酶的成分之一，对心肌梗死等心脏疾病患者有益。

小贴士

用大火蒸，使蒸气足够，蒸至酥烂，若略欠火候，风味便不佳。

粉蒸鸭子

主料：鸡腿200克。

辅料：料酒、酱油、醋各5毫升，大葱、姜、糖各5克，香油、辣椒油、花椒粉各适量。

制作方法

1. 大葱洗净切段，姜切片；鸡腿清洗干净，放入开水中氽烫后捞出。
2. 锅中倒入适量清水煮沸，放入鸡腿、葱段、姜片及所有的调味料，一同焖煮至鸡腿熟软。
3. 捞出鸡肉晾凉，切块摆入盘中即可。

【营养功效】料酒里含有少量的酒精，可以促进血液循环，有助消化及增进食欲。

小贴士

怪味鸡，又叫秧盆鸡，是中国四川和重庆地区常见的凉菜食品，味道又麻又辣又甜还带点酸味，吃时百味交集，故有"怪味"之称。

怪味鸡

福山烧小鸡

主料： 鸡750克。

辅料： 麦芽糖50克，食用油100毫升，大料15克，大葱、姜各25克，酱油、五香粉、盐各适量。

制作方法

1. 将鸡洗净，剁去小腿；姜切细末，葱切段，大料压碎。把姜末、葱段、大料、盐均匀地撒在鸡身上腌3小时。
2. 用洁布擦干，再把鸡的两条大腿骨砸断，在鸡肚下割5厘米长的小口，把鸡的两条大腿叉起来插入腹内，然后在鸡身上均匀地抹上一层薄薄的麦芽糖。
3. 炒锅内倒入食用油，用大火烧至八成热时，将鸡放入，炸呈紫红色捞出；把剩余的葱、姜切末与五香粉拌匀填入鸡腹，将鸡放在盘里，浇上酱油，撒上盐，上笼用大火蒸15分钟即可。

【营养功效】麦芽糖有食用价值，也有食疗功效，它性温味甘，与水溶解后会化作葡萄糖，作为医学上的营养料，可用作美颜、补脾益气、润肺止咳、滋润内脏等。

小贴士

麦芽糖色泽金黄、富黏性、软滑，是颇受人们喜爱的一种小食。

干锅辣鸭头

主料： 鸭头1500克，天目笋、香菇各50克，西芹节35克，青椒、红椒条各15克，洋葱条25克，黄豆芽75克。

辅料： 豆腐乳、干锅老油、酱油、花椒油、麻酱、料酒、葱段、姜片、蒜蓉、料油、卤水、高汤各适量。

制作方法

1. 天目笋、香菇分别用高汤煨至入味，黄豆芽焯水待用。
2. 将鸭头飞水后，放入特制卤水中卤至八成熟，捞出后用刀一分为二，入热油中浸炸3秒钟。
3. 锅上火，注入干锅老油、料油烧热，用葱段、姜片、蒜蓉爆香，放入天目笋、香菇、西芹节、青椒条、红椒条、豆腐乳炒制，倒入干锅中垫底，加入鸭头、高汤稍焖，淋酱油、花椒油、麻酱、料酒即可。

【营养功效】天目笋中含有丰富的膳食纤维，能促进肠道蠕动，促进消化，防止便秘。

小贴士

鸭头里面的鸭舌下面一般会藏匿着食物残渣及少量细沙，应仔细清洗干净。

宫保鸡丁

主料： 鸡肉250克，炸花生仁50克。

辅料： 干辣椒10克，食用油80毫升，料酒25毫升，酱油20毫升，淀粉、花椒、葱各15克，醋8毫升，姜、大蒜、盐、糖各适量。

制作方法

1.将鸡肉拍松，剖成十字花纹，再切成丁；干辣椒去籽，切节；鸡丁放入碗内加盐1克、酱油10毫升、水淀粉30毫升、料酒11毫升拌匀；大葱切片；姜、蒜切末。

2.取碗一只，放入盐、糖、红酱油、醋、料酒、味精、肉汤、水淀粉，兑成滋汁。

3.炒锅置大火上，下油烧至六成热，放入干辣椒，待炸成棕红色时，下花椒、鸡丁炒散；再加入姜、蒜、葱炒出香味，烹入滋汁，加入花生仁，颠翻几下，起锅装盘即可。

【营养功效】花生仁有增强记忆力、抗老化、止血、预防心脑血管疾病等功效。

小贴士

据《清史稿》记载：丁宝桢，字稚璜，贵州平远人，咸丰三年进士，光绪二年任四川总督。据传，丁宝桢对烹饪颇有研究，喜欢吃鸡和花生仁，并尤其喜好辣味。他在四川总督任上的时候创制了一道将鸡丁、红辣椒、花生仁下锅爆炒而成的美味佳肴。所谓"宫保"，其实是丁宝桢的荣誉官衔。

红烧卷筒鸡

主料： 鸡脯肉350克，熟火腿、冬笋、冬菇50克。

辅料： 淀粉40克，食用油500毫升，汤750毫升，酱油10毫升，葱、姜各10克，料酒、盐、蛋清各适量。

制作方法

1.鸡脯肉切成薄片；火腿、冬笋、冬菇均切粗丝；鸡片摊开，将火腿、冬笋、冬菇丝各一根放于鸡片的一端，顺裹成卷形，卷尾处抹上蛋清淀粉交口，整个卷再裹一层蛋清淀粉。

2.炒锅置大火上，下食用油烧热，将鸡卷逐个顺锅边放入，炸至呈黄色捞出。

3.烧热锅放鸡骨垫底，加汤、酱油、葱、姜、料酒、盐调味，然后放入鸡卷，大火煮沸后改用小火烧，取出鸡卷，摆放于蒸碗中，将烧鸡原汁入碗，上笼蒸约10分钟取出，将原汁滗入锅中，鸡卷翻扣于盘中，锅内汁勾二流芡淋于鸡卷上即可。

【营养功效】火腿具有养胃生津、益肾壮阳、固骨髓、健足力、愈创口等作用。

小贴士

火腿不宜放入冰箱，否则会使其中的脂肪析出，导致火腿肉块结块或松散。

花椒鸡丁

主料：鸡肉800克。

辅料：食用油500毫升，鲜汤150毫升，干辣椒10克，料酒20毫升，酱油15毫升，花椒、糖、葱结、姜片、盐、味精、香油各适量。

制作方法

1.将鸡肉洗净后，剔骨，剁成约2厘米见方的丁，加料酒、酱油、盐、葱节、姜片拌匀，腌制入味；干辣椒洗净，去蒂、籽，切节。

2.锅倒油烧热，将鸡丁内葱、姜去掉，滗去汁水后，下锅炸至鸡丁微带黄色时捞起，沥干油。

3.炒锅另放油，烧热后，投入干辣椒节、花椒炒出香味，辣椒呈棕红色时，倒入鸡丁，烹酱油、糖、料酒和清汤适量，中火收汁，待收干亮油，放入味精、香油，起锅即可。

【营养功效】花椒气味芳香，可除各种肉类的腥膻臭气，能促进唾液分泌，增加食欲。

小贴士

辣椒营养价值很高，堪称"蔬菜之冠"。

姜汁热味鸡

主料：鸡肉500克。

辅料：姜末、葱花、酱油、醋、盐、水淀粉、鲜汤、食用油各适量。

制作方法

1.将鸡肉斩成块。

2.炒锅置大火上，下食用油烧至七成热，放入鸡块、姜，煸炒约2分钟，加盐、葱花，稍煸炒后，加入酱油、鲜汤。

3.烧约5分钟至入味后，再加入剩下的葱花，用水淀粉勾芡，放醋，待收汁干后拌匀即可。

【营养功效】吃饭不香或饭量减少时吃上几片姜或者在菜肴放上一点嫩姜，都能改善食欲，增加饭量。

小贴士

吃姜一次不宜过多，以免吸收大量姜辣素，在经肾脏排泄过程中会刺激肾脏，并产生口干、咽痛、便秘等"上火"症状。

口水鸡

主料：土仔公鸡500克，熟花生末25克，熟白芝麻20克。

辅料：葱、姜各10克，熟油辣椒50毫升，姜蒜汁、香油、料酒各30毫升，花椒油、红酱油、醋、糖、花椒、盐各适量。

制作方法

1.将鸡斩去头、脚，冲洗干净，沥干水待用；葱分别切段、花；姜切片。锅内加水煮沸，放入鸡、葱段、姜片及花椒、料酒、盐，小火煮20分钟，捞起鸡过冷水。

2.将鸡放入砂锅内，倒入煮鸡的汤，让鸡浸泡30分钟；将熟鸡斩件，排放在盘中。

3.将红酱油、姜蒜汁、熟油辣椒、花椒油、糖、醋、香油放在碗中，调匀，淋在鸡肉上，撒上芝麻、花生末即可。

【营养功效】土鸡的鸡肉皮中含有丰富的胶质蛋白，能够被人体迅速吸收和利用，是一种非常好的胶质，具有抗衰老等作用。

小贴士

此菜有"名驰巴蜀三千里，味压江南十二州"的美称。

主料：公鸡1000克，人参15克，干辣椒10克，大葱50克。

辅料：姜5克，大蒜、胡椒粉、糖、酱油、香油、鸡汤各适量。

制作方法

1.将鸡从脊背剖开，取出内脏，清洗干净，放入开水中氽烫后捞出，放入凉水盆中，将血及小毛处理干净，加入葱、姜、蒜腌20分钟。

2.把洗净的干辣椒和人参铺在盘底，放上鸡，加入鸡汤和各种配料，放入蒸锅中蒸烂后取出，捞出葱、蒜及辣椒，鸡身上面摆上人参。

3.放入鸡汤汁，煮沸后淋入香油即可。

【营养功效】人参具有推迟细胞衰老，延长细胞寿命的功能。

小贴士

服用人参后忌吃萝卜和各种海味。

辣人参鸡

主料：光鸡400克。

辅料：蒜15克，姜片、葱段各10克，淀粉、盐、料酒、老抽、生抽、干辣椒、花椒、食用油各适量。

制作方法

1.将鸡洗净斩件，以盐、生抽、料酒和少许淀粉拌匀，腌制片刻。

2.开锅下油，爆香蒜、姜片、葱段、干辣椒和花椒，下鸡件，用大火翻炒至上色。

3.然后加入老抽、生抽，继续翻炒片刻，调味即可。

【营养功效】鸡肉能温中补脾，益气养血，补肾益精，除心腹恶气。

小贴士

辣子鸡是一道大众喜闻乐见的美味佳肴，常见的有重庆歌乐山辣子鸡、超级辣子鸡、辣子鸡块、黔味菜肴辣子鸡、川味辣子鸡丁、辣子鸡丁等。

辣子鸡

主料：鸡胸脯肉200克，冬笋100克。

辅料：蛋清40毫升，食用油130毫升，淀粉10克，料酒6毫升，高汤70毫升，盐、胡椒粉、味精各适量。

制作方法

1.将鸡肉切丝，盛入碗内，用盐、料酒、蛋清糊拌匀。

2.冬笋切成与鸡丝同样细的丝。

3.取碗一个，放入盐少许、味精、胡椒粉、高汤70毫升、水淀粉调匀成芡汁。

4.炒锅置中火上，下油烧至四成热，放入鸡丝拨散，滗去余油后，加入冬笋丝，炒几下，烹入芡汁，颠翻几下即可。

【营养功效】冬笋制药膳，食之既可享口福，又能健身疗疾。

小贴士

优质料酒，色泽晶莹透明，有光泽感，无混浊或悬浮物，无沉淀物泛起荡漾于其中，具有极富感染力的琥珀红色。

熘鸡丝

麻辣鸭翅

主料：鸭翅500克。

辅料：料酒15毫升，酱油15毫升，干辣椒15克，糖、盐、花椒、食用油各适量。

制作方法

1. 鸭翅洗净，用料酒、酱油腌20分钟。
2. 起油锅，烧热后放入鸭翅翻炒，将腌鸭翅的料酒、酱油也倒进去，接着炒，加入花椒和干辣椒，再接着炒。
3. 加入适量热水，加糖，盖上锅盖，中火煮熟。
4. 放盐调味，大火收汁，出锅。

【营养功效】鸭肉所含B族维生素和维生素E较其他肉类多，能有效抵抗脚气病、神经炎和多种炎症，还能抗衰老。

小贴士

翅膀一般是禽类最好吃的地方，因为运动多，肌肉比较多，肉质紧密。

木耳拌鸡片

主料：鸡片200克，木耳150克，红辣椒2个。

辅料：柠檬汁、姜汁、食用油、盐、醋各适量。

制作方法

1. 将鸡片洗净，灼熟后浸冰水至冻透；红辣椒洗净切片。
2. 木耳洗净，撕开，用开水煮熟后放入冰水中冻透。
3. 把鸡片、木耳和红辣椒放入容器内，倒入醋、盐、食用油、柠檬汁和姜汁，拌匀即可。

【营养功效】木耳中铁的含量极为丰富，故常吃木耳能养血驻颜，令人肌肤红润，容光焕发，并可防治缺铁性贫血。

小贴士

优质木耳表面黑而光润，有一面呈灰色，手摸上去感觉干燥，无颗粒感，嘴尝无异味。

啤酒蒸鸭

主料：鸭800克，水发香菇、豌豆各30克。

辅料：啤酒、姜片、葱段、香菜、盐、料酒、胡椒粉、淀粉、酱油、香油、鸡精各适量。

制作方法

1. 鸭洗净切块，加盐、料酒、胡椒粉腌15分钟，再蘸上酱油入油锅炸至棕红，捞出沥干；香菇洗净切小块；豌豆、香菜洗净。
2. 热油锅爆葱、姜，加香菇、豌豆煸炒至香，加入盐煮沸装盘，放入鸭块、啤酒移至蒸锅以大火蒸熟。
3. 拣去葱、姜，汤汁回锅，加味精，用水淀粉勾芡后浇在鸭块上，淋上香油，撒上香菜即可。

【营养功效】鸭肉中含有较为丰富的烟酸，它是构成人体内两种重要辅酶的成分之一。

小贴士

除了啤酒之外不必再加水，以免水分过多影响风味。

神仙鸭子

主料： 鸭2000克，火腿100克，水发香菇、笋干各50克。

辅料： 香油、酱油各25毫升，料酒50毫升，冰糖10克，姜25克，食用油、盐、大葱、味精、糖色各适量。

制作方法

1. 将宰净的鸭子放入沸水锅中煮净血水，捞出晾干，用料酒遍抹鸭身，再放入七成热的油锅中炸成浅黄色捞起，用沸水漂去油脂，火腿、冬笋均切片，水发香菇去根脚切片，姜拍松，葱挽结。

2. 大蒸碗内铺上一张干净纱布，先将火腿片按刀口摆成一行，再将玉兰片、香菇分别摆在火腿的两边，然后将鸭放入，鸭脯朝下，紧贴火腿，即将纱布对角收拢成包打结，提入罐内，将冰糖、糖色、盐、酱油、姜、葱、料酒、清汤放入罐内，先用大火烧沸20分钟。

3. 再移至小火烧至骨肉肉软时，提起纱布包，解开布结，将鸭翻入大圆盘内，揭去纱布，另将罐内汤汁倒入炒锅内收浓，加味精、香油拌匀起锅，淋于鸭上即可。

【营养功效】 此菜富含蛋白质、维生素、膳食纤维、钙、磷、铁、糖等多种营养物质，可促进消化。

小贴士

此菜味醇香，肉软，特别适合老人食用，蜀人尊老有"老神仙"之称，故名"神仙鸭子"。

酸 辣 鸭 翅

主料： 鸭翅600克，青椒70克，萝卜50克。

辅料： 姜、盐、红糖、淀粉、葱白、大蒜（白皮）、鸡精、酱油、蚝油各适量。

制作方法

1. 将鸭翅洗净，从关节处斩成段，放入沸水锅内汆除血水，捞出，青椒切成滚刀块，萝卜泡酸切成滚刀块，姜切片，葱白切段，大蒜切粒。

2. 沙锅置火上，加入高汤、姜片、葱白段、鸭翅烧沸，撇去浮沫，改用小火加盖焖熟。

3. 炒锅置火上，加食用油烧至六成热，放入青椒块、泡酸萝卜块炒香，倒入沙锅内，放盐、红糖、大蒜粒、酱油，用小火烧入味，至鸭翅软糯，放蚝油、水淀粉勾芡推匀，加鸡精起锅装盘。

【营养功效】 此菜含钙、铁较多，可防止高血压、冠心病。

小贴士

淀粉勾芡可使菜肴口感更佳，老人、考试期间的学生、脑力工作者、高胆固醇、便秘者可以多食用。

碎 米 鸡 丁

主料：鸡肉200克，花生仁50克，圆白菜200克。

辅料：豆瓣酱15克，干辣椒、盐、味精、食用油各适量。

制作方法

1.鸡肉斜切成片，用刀背来回拍松，再切成丁块；圆白菜去菜上硬梗，切成1厘米见方的片；炸花生仁去皮，碾碎成粒；干辣椒洗净，切成碎末。

2.食用油入锅烧热，加肉丁、白菜片入油略炸，见肉变色即捞起沥油。

3.锅中留油30毫升，炒香豆瓣酱，再放入肉丁、白菜片同炒，最后加入花生仁、辣椒末、盐、味精翻炒均匀即可。

【营养功效】花生的矿物质含量很丰富，特别是含有人体必需的氨基酸，有促进脑细胞发育、增强记忆的功能。

小贴士

花生炒熟或油炸后，性质热燥，不宜多食；花生的热量和脂肪含量都很高，所以想减肥的人应少吃花生。

太 白 鸡

主料：鸡腿肉500克。

辅料：干辣椒10克，大葱15克，泡椒50克，食用油30毫升，酱油、料酒、香油、姜、花椒、盐、味精、糖、胡椒粉各适量。

制作方法

1.鸡腿肉洗净切块；葱、姜洗净，葱挽成结，姜拍松；干辣椒、泡椒去蒂去籽，切段。

2.锅中放入适量的油烧至六成热时，放入鸡腿肉过油后捞出，油温升高时再次将鸡腿肉过油捞出。

3.原锅留底油烧热，下入干辣椒煸炒，再放入泡椒、姜片、葱结、料酒、糖，放入鸡块，加入肉汤搅拌，放入花椒，小火慢焖15分钟。

4.至汁浓肉熟软时，拣去葱、姜、干辣椒、泡红辣椒、花椒包，撒入胡椒粉、盐、酱油、味精，再用中火收汁，淋上香油即可。

【营养功效】中医学认为鸡肉可以温中益气，补精添髓，补虚益智；可用于治疗虚劳瘦弱、中虚食少、泄泻头晕心悸、月经不调、产后乳少、消渴、水肿、小便数频、遗精、耳聋耳鸣等。

小贴士

太白鸡是根据太白鸭子的传统制作方法而来，唐代大诗人李白在四川时酷爱吃此鸭子，故名"太白鸭子"，太白鸡在此基础上又有新的发展和创新，更突出滋补功效。

香 辣 鸭 心

主料： 鸭心350克，鸭油50毫升，冬笋、花生仁各50克。

辅料： 豆瓣酱、大葱、大蒜各10克，香油25毫升，料酒15毫升、盐、老姜水、酱油、味精、糖、醋、干辣椒、淀粉各适量。

制作方法

1. 将鸭心洗净，切去心头，一切两片，在鸭心里面剖上十字花刀，每个鸭心切成两瓣，然后放入碗中，加入水淀粉、料酒、盐，抓匀浆好。
2. 将花生仁用油炸至酥脆，干辣椒剪成小段，用热香油炸出香味，冬笋切成小斜象眼丁，把料酒、酱油、盐、味精、糖、醋、水淀粉、老姜水、老汤放入碗中，调成汁。
3. 炒锅放入鸭油，上大火烧至七成热时，下入鸭心滑透，倒入漏勺内；锅内留底油，上火烧热，下入豆瓣酱、葱、蒜煸炒，放入鸭心，再冲入兑好的芡汁，放入花生仁、干辣椒即可。

【营养功效】 花生含有维生素E、维生素K和一定量的锌，对营养不良、脾胃失调、咳嗽痰喘、乳汁缺少等症有一定的食疗作用。

小贴士

鸭心无论蒸煮、清炖，还是烧卤、煎炸，都风味香浓，营养丰富。

香 酥 肥 鸭

主料： 鸭2000克，香菜100克。

辅料： 鸡蛋清100毫升，食用油100毫升，料酒50毫升，糖、香油、葱、姜、花椒、花椒粉、淀粉各适量。

制作方法

1. 葱、姜拍破，鸭洗净开膛，用葱、姜和花椒以及辅料将鸭腌约2小时。
2. 把腌好的鸭上笼蒸2小时，用手提鸭翅即离身则已酥烂，取出，去掉葱、姜、花椒，用漏勺沥去汁，拆净骨，剁下翅、头和脚。
3. 鸡蛋清加淀粉调制成糊，把鸭全身糊上。
4. 将食用油烧到七成热时，下入上糊的鸭肉、头、脚及翅翅，炸焦酥呈金黄色捞出，鸭子剁成条，整齐地摆入长盘，用翅膀、头、脚摆成鸭形，撒花椒粉、淋香油，拼上香菜即可。

【营养功效】 香菜内含维生素C、胡萝卜素、维生素B$_1$、维生素B$_2$等，同时还含有丰富的矿物质，如钙、铁、磷、镁等，具有发汗透疹、消食下气等功效。

小贴士

香酥肥鸭初见于20世纪50年代的菜谱，四川名厨范俊康曾为周总理宴请著名电影大师卓别林，烹制了他擅长的香酥鸭，受到高度赞赏。

圆笼粉蒸鹅

主料：鹅肉600克，荷叶50克。

辅料：米粉、大葱、蚝油、鸡精、甜面酱、辣椒酱、香油、胡椒粉、花椒、食用油各适量。

制作方法

1.将鹅肉切成片，放入清水中泡去血水；大葱切末；将蚝油、鸡精、甜面酱、香辣酱、香油、胡椒粉与鹅肉片抓匀，腌5分钟，再将鹅肉片两面蘸匀米粉。

2.将荷叶修整齐后，入沸水中汆过，然后捞出铺在小笼中间；食用油烧热放入花椒炸出花椒油。

3.将鹅肉片整齐地放在小笼的荷叶上，用大火蒸30分钟后取出，撒上葱末，浇上花椒油，上桌即可。

【营养功效】此菜对预防和治疗咳嗽病症，尤其对治疗感冒和急慢性气管炎、慢性肾炎、老年浮肿有很好的辅助疗效。

小贴士
鹅肉每餐食用约100克，不宜过量食用，食多不易消化。

重庆烧鸡公

主料：公鸡800克。

辅料：红椒、花椒、莴笋、大料、盐、味精、豆瓣酱、食用油、酱油、蚝油、葱、姜、蒜各适量。

制作方法

1.公鸡洗净剁块后，在热油锅中过油后捞出；莴笋去皮切条；红椒切丝。

2.炒锅热食用油，下豆瓣酱煸炒出红油，放花椒和红椒丝翻炒；加入葱、姜、蒜和大料后，倒入鸡块翻炒。

3.加入适量的酱油和蚝油，翻炒加适量的清水，水量没过鸡块；小火炖至鸡块熟烂，加入莴笋再煮几分钟至莴笋熟透，加入盐、味精、葱、姜、蒜后拌匀即可。

【营养功效】鸡肉含有较多的不饱和脂肪酸——油酸和亚油酸，能够降低对人体健康不利的低密度蛋白胆固醇。

小贴士
焯莴笋时一定要注意时间和温度，焯的时间过长、温度过高会使莴笋绵软，失去清脆口感。

竹笋烧鸭

主料：鸭600克，竹笋350克。

辅料：姜片、大蒜、葱花、大料、桂皮、花椒、干辣椒、老抽、冰糖、味精、料酒、盐、食用油各适量。

制作方法

1.将脂肪较多的鸭皮剔下来切成块，鸭肉斩件；干辣椒剪两截；大蒜拍松去皮；竹笋放清水中浸泡15分钟，捞出切滚刀块，放沸水中煮5分钟后捞出沥干。

2.净锅置火上，下鸭皮煎出油分，再放大料、桂皮、花椒、姜片、大蒜，用小火炒香，下鸭肉，转大火爆炒，将鸭肉中的水分炒干，炒至鸭肉出油，下料酒炒匀，再放入干辣椒、冰糖、盐、老抽，炒匀至鸭肉上色。

3.放入竹笋，加入开水，小火煮约20分钟，下入少许味精与葱花炒匀即可。

【营养功效】竹笋具有开胃、促进消化、增强食欲的作用。

小贴士
鸭肉内的水分要炒干，再炒至出油，以免有腥味。

主料：鸭1000克，嫩姜250克，朝天椒100克。

辅料：泡椒70克，老姜20克，盐、花椒、豆瓣酱、老抽、生抽、糖、食用油各适量。

制作方法

1. 将嫩姜切成滚刀小块，朝天椒对半切开去籽，鸭肉切块。
2. 锅中放食用油烧至九成热，放入花椒、老姜爆香，倒入鸭块，用大火炒至鸭块变黄。
3. 将鸭块出锅，留底油，把泡红辣椒、豆瓣酱、老抽、生抽、糖放入底油中，小火慢炒至酱汁均匀，倒入鸭块炒匀。
4. 锅内加水，大火煮沸后改小火焖煮，加入盐、嫩姜、朝天椒继续焖20分钟后，大火收汁即可。

【营养功效】吃姜能抗衰老，老年人常吃姜可除"老年斑"。

小贴士

姜不宜一次吃过多，以免吸收大量姜辣素。

子姜鸭

主料：鸡脯肉200克，黄瓜100克。

辅料：芝麻酱15克，鸡汤15毫升，红油、酱油、香油各10毫升，姜、鸡精、糖、盐各适量。

制作方法

1. 将黄瓜洗净切成细丝。鸡脯肉加冷水，与姜一同煮熟。
2. 熟鸡脯肉捞出浸入冰块过凉，取出，用小木棒把鸡脯肉横向拍软，将鸡肉撕成与黄瓜同等粗的肉丝，铺在黄瓜丝上。
3. 芝麻酱加入鸡汤调匀，再加入红油、酱油、香油、鸡精、糖、盐调酱汁，浇上酱汁，即可食用。

【营养功效】鸡肉有温中益气、补精添髓、补虚益智的作用。

小贴士

在拍鸡肉的时候，要尽量拍松，便于调料入味。

棒棒鸡

主料：鸡心100克，鸡肫100克，鸡肝100克，泡椒100克，泡姜20克，干木耳10克，青椒1个。

辅料：大葱、大蒜、料酒、白胡椒粉、盐、食用油、淀粉各适量。

制作方法

1. 将鸡杂分别处理干净备用；木耳温水泡发；姜、蒜、葱切片；青椒切丝。
2. 将鸡肫、鸡心、鸡肝分别切片，用料酒、白胡椒粉和淀粉拌匀后腌制30分钟。
3. 锅中热油，放入葱、姜、蒜、泡椒爆香，下入鸡杂，来回翻炒。
4. 放入木耳、青椒丝，加盐翻炒至熟即可。

【营养功效】鸡杂有助消化、和脾胃之功效。

小贴士

处理鸡杂时，鸡肫上的白色部分也可以不用去掉，但吃起来老，鸡心里面的血管要去掉，否则会有腥味。

泡椒鸡杂

花椒鸡

主料：鸡肉200克，鹿角菜120克。

辅料：大葱20克，花椒粉3克，食用油、盐、味精、酱油、香油、料酒、淀粉各适量。

制作方法

1. 鸡肉片成薄片，加盐、味精、酱油、香油、料酒、淀粉腌制；鹿角菜摘取叶片；葱切花。
2. 鹿角菜、鸡肉分别放入热油锅中炸熟，捞出备用。
3. 锅内热油，放入花椒粉、葱花炒香，倒入鸡肉，烹入味精、酱油、香油、料酒快速翻炒至熟，水淀粉勾芡即可。

【营养功效】鹿角菜含有牛黄酸、多糖、碘、钾、钠、硅、磷、铁、钙、镁等，是膳食纤维的最好来源，具有吸水性，能刺激胃肠蠕动。

小贴士

男子不可常食鹿角菜，易发旧病，损腰肾经络血气。

桃米炒蛋

主料：鲜桃200克，鸡蛋4个。

辅料：盐、料酒、食用油各适量。

制作方法

1. 鲜桃洗净，在开水中略烫，去皮、核后切成粒状，放入碗中。
2. 将鸡蛋磕入装有桃粒的碗中搅匀，净锅热油，倒入调好的桃丁。
3. 下盐、料酒翻炒，直至炒熟成块即可。

【营养功效】鲜桃具有补中益气、养阴生津、润肠通便的功效，尤其适合气血两亏、面黄肌瘦、心悸气短、便秘、闭经、淤血肿痛等症状的人多食。

小贴士

上火便秘者不宜多食桃子。

胡萝卜烧鸡

主料：母鸡1000克，胡萝卜300克。

辅料：盐、食用油、料酒、豆瓣酱、味精、大葱、姜、淀粉各适量。

制作方法

1. 将鸡宰杀干净，剁成长方块。胡萝卜去皮切成滚刀块。
2. 锅内烧热放油，加葱、姜稍煸。倒入鸡块煸炒至白色，加入豆瓣酱、盐、料酒、水煮沸。
3. 撇去浮沫移至小火上烧10分钟，放入胡萝卜块继续烧5分钟，加味精，用水淀粉勾芡即可。

【营养功效】胡萝卜营养丰富，有治疗夜盲症、保护呼吸道和促进儿童生长等功能。

小贴士

烹调胡萝卜时，不要加醋，以免胡萝卜素损失。

主料：鸡中翅500克。

辅料：盐、糖、料酒、白醋、辣椒油、老抽、花椒、食用油、白芝麻各适量。

制作方法

1.鸡中翅洗净，剁成小块，加盐、料酒、老抽腌制。
2.锅内入食用油烧热，放入鸡中翅过油后盛出。
3.再热油锅，入花椒爆香后，倒入鸡中翅炒片刻，注入适量开水，加入糖，盖上锅盖，以小火焖煮至熟，调入少许盐、白醋、辣椒油拌匀，以大火收浓汤汁，起锅盛入盘中，撒上白芝麻即可。

【营养功效】芝麻含有亚油酸，有调节胆固醇的作用。

小贴士
白芝麻及其制品具有丰富的营养，可抗衰老。

花椒鸡翅

主料：鸭肉200克，鸡蛋20个。

辅料：泡椒40克，大蒜20克，淀粉、小葱、老姜、盐、味精、酱油、糖、醋、食用油各适量。

制作方法

1.将鸭肉片成薄片；鸡蛋与淀粉调成全蛋淀粉；泡椒去籽及蒂，剁碎成末；老姜、大蒜去皮洗净，切成姜蒜末；小葱洗净切成葱花。
2.盐、味精、糖、醋、酱油、葱花、鲜汤放入碗中调匀成酱汁，鸭片裹上全蛋淀粉。
3.锅置大火上，放食用油烧至五成热，将鸭片下锅炸至金黄，捞出沥油。
4.锅内留底油，放入泡椒末、姜蒜末炒香，烹入酱汁，待汁浓稠时，下入炸好的鸭片翻炒片刻即可。

【营养功效】此菜所含B族维生素和维生素E较丰富，能有效抵抗脚气病、神经炎和多种炎症，还能抗衰老。

小贴士
鸭肉忌与兔肉、杨梅、核桃、鳖、木耳、胡桃、大蒜、荞麦同食。

鱼香回锅鸭

主料：鸭肠200克，芹菜100克，野山椒150克。

辅料：盐、辣椒粉、胡椒粉、酱油、食用油、料酒各适量。

制作方法

1.鸭肠洗净，切成段；芹菜择洗干净，切段。
2.油锅烧至六成热，下入鸭肠爆炒至卷起后，烹入料酒，再下入辣椒粉、酱油炒至上色。
3.然后下入芹菜、野山椒炒至熟，最后加盐、胡椒粉调味即可。

【营养功效】鸭肠富含蛋白质、B族维生素、维生素C、维生素A和钙、铁等微量元素，对人体新陈代谢、神经、心脏、消化和视觉的维护都有良好的作用。

小贴士
清洗鸭肠一定要先翻洗内侧，这样才能清洗干净。

尖椒炒鸭肠

鱼香八块鸡

主料： 鸡腿500克，鸡蛋3个。

辅料： 面粉、盐、糖、白醋、料酒、老抽、番茄酱、姜片、蒜瓣、葱、食用油各适量。

制作方法 ○

1. 鸡腿洗净、去骨，加盐、料酒腌制；鸡蛋磕入碗中，加入面粉搅匀成蛋糊，将鸡腿肉放入蛋糊中，挂上厚厚的蛋糊；葱洗净，切花。
2. 锅内入食用油烧热，放入备好的鸡腿肉炸至八成熟时捞出。
3. 再热油锅，入姜片、蒜瓣爆香后捞除，调入盐、糖、白醋、老抽，倒入炸好的鸡腿肉爆炒至熟，再入番茄酱拌匀，起锅盛入盘中，撒上葱花即可。

【营养功效】鸡腿肉的蛋白质含量比例较高，种类多，且消化率高，很容易被人体吸收利用，有增强体力、强壮身体的作用。

小贴士

鸡腿肉与桔子一起煮，可使肉中的脂肪变得软可口，且提高铁分的吸收率。

水 煮 鸭 舌

主料： 鸭舌500克。

辅料： 盐、料酒、酱油、八角、味精、花椒、干辣椒、葱、姜、食用油各适量。

制作方法 ○

1. 鸭舌刮洗干净，用盐、料酒、酱油腌渍入味。姜去皮，洗净，切片；葱洗净，切段。
2. 锅中加食用油炸至六成热，放入鸭舌炸至金黄色，捞出沥油。
3. 锅留底油，加水、花椒、干辣椒、葱、姜、料酒、酱油、味精、八角烧开，放入鸭舌，小火烧至汁水收干时出锅，晾凉装盘即可。

【营养功效】八角的主要成分是茴香油，食用此菜能刺激胃肠神经血管，促进消化液分泌，增加胃肠蠕动，有健胃、行气的功效。

小贴士

八角适宜痉挛疼痛者、白细胞减少症患者食用，但不适宜阴虚火旺者食用。

五香脆皮鸡

主料： 嫩仔鸡500克。

辅料： 食用油500毫升、姜、葱各15克，盐、糖、酱油、料酒、五香粉、花椒、糖色、味精、香油各适量。

制作方法

1. 嫩仔鸡宰杀后，去头、翅尖、足爪，入沸水锅内汆一下，取出。
2. 将盐、糖、酱油、料酒、五香粉、花椒于碗中调匀后，抹在鸡身内外，姜、葱塞入鸡腹口，装蒸碗中上笼蒸熟，取出擦干水分，趁热抹上糖色，拣去葱、姜、花椒。
3. 将鸡晾凉，炒锅置大火上，下食用油烧热，放入鸡炸至皮酥色呈棕红时捞出，待稍凉，剔去大骨，斩成约5厘米长、1.5厘米宽的条块，在盘内摆成鸡形。
4. 将蒸鸡原汁，加味精、糖、香油调匀后，装味碟，或淋于鸡身。

【营养功效】 鸡肉含有对人体生长发育有重要作用的磷脂类，是中国人膳食结构中脂肪和磷脂的重要来源之一。

小贴士

鸡肉鸡汤中含脂肪较多，会使血中胆固醇进一步升高，引起动脉硬化、冠心病，使血压持续升高，对病情不利。

糖 醋 鸡 圆

主料： 鸡肉200克，鲜虾仁50克，鸡蛋2个。

辅料： 水淀粉40克，葱花、姜米、蒜米、盐、糖、醋、酱油、胡椒粉、鲜汤、食用油各适量。

制作方法

1. 鸡肉剁细，加入清水、盐、鸡蛋液、胡椒粉、水淀粉搅打一体，再加入剁细的鲜虾仁颗粒，搅匀备用。
2. 锅置大火上，烧油至六成热，用手将鸡肉馅挤成鸡圆，下锅炸定型后，捞出备用。待油温回升至七成热时，将鸡圆回锅炸酥、发黄，捞出装入盘内。
3. 锅中留油少许，烧至三成热时，下姜米、蒜米，炒香，烹入用酱油、醋、糖、盐、鲜汤、水淀粉调成的芡汁，收汁起锅放入葱花，淋在鸡圆上即可。

【营养功效】 虾的通乳作用较强，并且富含磷、钙，对小儿、孕妇尤有补益功效。

小贴士

在用滚水汤煮虾仁时，在水中放一根肉桂棒，既可以去除虾仁腥味，又不影响虾仁的鲜味。

清蒸鸭子

主料：净填鸭1只。

辅料：料酒50毫升，味精10克，盐30克，姜20克，葱30克，胡椒粉少许，汤适量。

制作方法

1. 鸭子剖膛去内脏、足、舌、鸭臊及翅尖的一段，用水洗净，控去水分，放入沸水中汆去血水，捞出后用水冲洗，并控干水分。
2. 用盐在鸭身上揉搓一遍，脊背朝上盛入坛子内腌一会，并放上料酒、葱、姜、胡椒粉和清汤。
3. 将坛子封严上屉，用大火蒸2～3小时，取出，揭去盖，将乳油撇去，加入味精并调好咸淡即可。

【营养功效】此菜具有补血行水、养胃生津等功效。

小贴士

鸭肉忌与鸡蛋同食，否则会大伤元气。

网油包烧鸡

主料：母鸡1只，网油250克，芽菜100克，猪肉200克。

辅料：泡椒2个，鸡蛋2个，食用油800毫升，香油10毫升，葱、姜、盐、料酒、水淀粉、味精、椒盐、酱油各适量。

制作方法

1. 鸡洗净剁去爪、翅尖，掏除内脏，剔除腿骨下段；芽菜剁碎；猪肉切丝；姜一半切片另一半切丝；泡椒切丝；网油洗净控水。鸡用料酒、味精和盐揉擦一遍，再放上葱、姜片腌入味；用盐与鸡蛋清、水淀粉调成糊。
2. 将肉丝倒入热油炒锅中炒散后随下芽菜、泡椒丝、葱、姜丝，再调入味精、酱油、料酒等炒好装入鸡腹中。把鸡用网油（擦去水分，抹上蛋糊）包上。
3. 把包好的鸡上香油。把包在外面的网油皮剥下，切为长方块放在盘四周，再把鸡腹中的馅掏出垫入盘底，将鸡肉剁成条形放于馅上边。椒盐另装碟随鸡上桌即可。

【营养功效】芽菜中微量元素和维生素B₁、维生素B₂的含量很丰富，有助消化等功效。

小贴士

芽菜在四川非常有名，它和"涪陵榨菜"、"南充冬菜"、"内江大头菜"并称为四川四大腌菜。

泡椒芋头鸡

主料： 鸡400克，芋头200克。

辅料： 盐、味精、胡椒粉、料酒、老抽、辣椒油、姜片、葱段、花椒、食用油、香菜叶各适量。

制作方法

1. 鸡治净，剁成块；芋头去皮、洗净。
2. 锅内入食用油烧热，入姜片、葱段、花椒爆香后捞除，再入鸡块爆炒片刻，调入盐、料酒、老抽炒至鸡块上色，注入适量高汤以大火烧至沸腾，盖上锅盖，改用小火焖煮约30分钟。
3. 打开锅盖，放入泡椒、芋头，再加入少许盐，盖上锅盖，以小火续焖约20分钟，待鸡块、芋头均熟软时，调入味精、胡椒粉、辣椒油拌匀，起锅盛入碗中，以香菜叶装饰即可。

【营养功效】芋头含有丰富的黏液皂素及多种微量元素，可帮助机体纠正微量元素缺乏导致的生理异常，同时能增进食欲，帮助消化。

小贴士
芋头不耐低温，故鲜芋头一定不能放入冰箱。

片皮挂炉鸭

主料： 毛鸭1只。

辅料： 麦芽糖10克，盐10克，淀粉、五香粉各适量。

制作方法

1. 将毛鸭宰杀退毛，洗净，从翅膀下开一小刀口，掏出内脏，洗净，把盐水注入腹内去其血泡，再浇灌鸭身上，使皮收紧。
2. 用竹片在鸭腹内两旁撑开，将盐、五香粉放入鸭内。
3. 把麦芽糖、水淀粉放在一起，搅拌均匀成稀浆，涂抹鸭身，然后将鸭晾干，或者将鸭吊在热的地方烤干。
4. 由鸭腿插入叉子，直至颈项，将头叉住，用大火先烤鸭的颈部和臀部，待烤成金黄色时，再烤鸭身，至全部烤成红色即可。

【营养功效】此菜富含蛋白质、脂肪、钙、磷、铁、烟酸和维生素B$_1$、维生素B$_2$，有养胃生津、清热健脾等功效。

小贴士
鸭肉与栗子同食会中毒。

炒 鸡 什 件

主料: 鸡肫、鸡肝各150克。

辅料: 青菜100克,干木耳10克,食用油、姜、葱、蒜、水淀粉、料酒、酱油、盐、味精、醋、汤各适量。

制作方法 ◦•

1. 把鸡肫两面白色的皮去掉后切成片,鸡肝片成片,然后将鸡肫、鸡肝用料酒、酱油和盐腌好,浆些水淀粉再拌些食用油。
2. 木耳用水发透择洗干净,青菜叶切段,茎切成片;葱、姜、蒜均切片。
3. 用酱油、料酒、味精、水淀粉和葱、姜、蒜、汤兑成汁。
4. 用炒锅将食用油烧热后,下鸡肫、鸡肝翻炒,至将熟,放木耳、青菜继续翻炒,加兑汁,翻炒均匀,滴几滴醋,起锅将菜盛入盘中即可。

【营养功效】鸡肝含有丰富的蛋白质、钙、磷、铁、锌、维生素A、B族维生素等,具有维持正常生长和生殖机能的作用。

小贴士

　　动物肝不宜与维生素C、抗凝血药物、左旋多巴、优降灵和苯乙肼等药物同食。

豆 苗 鸡 丝

主料: 豆苗400克,鸡肉丝135克。

辅料: 鸡蛋清、料酒、水淀粉、胡椒粉、香油、味精、食用油、盐、上汤各适量。

制作方法 ◦•

1. 先将鸡丝用鸡蛋清、水淀粉拌匀。
2. 炒锅放食用油烧至三成热,将沥干水分的豆苗放入锅中,用水淀粉勾芡,盛于碟中。
3. 炒锅内放食用油,待油烧至三成热,将鸡肉丝放入拉油至熟,倾在笊篱里,沥油。
4. 将锅放回炉上,放料酒,注入上汤,撒上盐、胡椒粉,用水淀粉勾芡,把拉熟的鸡肉丝放入锅内,加热油、味精、香油和匀,扒在豆苗上即可。

【营养功效】香油富含维生素E,能够维持细胞膜的完整,利于软化血管和保持血管弹性,也可减少体内脂质的积累。

小贴士

　　豆苗具有独特气味,无论作为主菜或配菜,都是十分美味可口的,如鲜菇扒豆苗、蟹肉扒豆苗、清炒豆苗等均是菜馆中的佳品。

主料：嫩子鸡1只。

辅料：酱油、食用油、米酒各1杯，姜块、葱段、香油各适量。

制作方法

1.将嫩子鸡洗净剁块连同鸡心、鸡肝全部装入沙锅内，用容量80毫升左右的杯盏，量入酱油、食用油、米酒，放入姜块、葱段少许，不放水。

2.用小火炖，每隔10分钟左右翻动一次，以防烧焦。盖子不宜多开，约炖30分钟至汁收浓，拣去葱、姜，加香油上桌即可。

【营养功效】米酒含有多种维生素、葡萄糖、氨基酸等营养成分，饮后能开胃提神，并有活气养血、滋阴补肾的功效。

小贴士

所谓三杯鸡，是因为烹制时不加汤水，仅用1杯米酒、1杯酱油和1杯食用油。

主料：鸡脚筋400克。

辅料：青椒、红椒各10克，香菜、盐、鸡精、辣椒油、花椒油各适量。

制作方法

1.鸡脚筋洗净，放入锅中加水煮至熟后，待凉切成小段。

2.将青椒、红椒洗净，切成细丝；香菜洗净，切段。

3.辣椒、香菜和所有调味料拌匀成味汁，淋在鸡筋上再次拌匀即可。

【营养功效】鸡脚筋味甘，性平，无毒，含有丰富的钙及胶原蛋白，有减肥美容等功效。

小贴士

鸡脚筋很难消化，故老人和儿童不宜多吃。

主料：鸡胸脯肉300克，豆苗500克。

辅料：鸡蛋2个，食用油80毫升，盐、味精、料酒、水淀粉、汤各适量。

制作方法

1.豆苗摘尖洗净，用蛋清和水淀粉兑成糊。

2.鸡胸脯肉切成片，长约4厘米，宽约2厘米，先用料酒拌匀，并浆上蛋糊，拌上点食用油。

3.用盐、味精、料酒、水淀粉和汤兑成汁。

4.将炒锅烧热注油，油热后下入鸡片，轻轻拨散滑熟，然后捞出沥油，勺内留少许底油，下豆苗翻炒几下，再投入鸡肉片翻炒均匀，将兑好的汁倒入，汁开时翻炒均匀即可。

【营养功效】此菜含有多种维生素和矿物质，有利尿、止痛和助消化等作用。

小贴士

炒豆苗的火要大一些，这样可以保持豆苗的营养和脆嫩。

三杯鸡

酸辣鸡筋

豆苗炒鸡片

鲜笋烧咸鸭

主料：咸鸭500克，竹笋300克，板栗200克。

辅料：盐3克，胡椒粉4克，食用油、香油各适量。

制作方法

1. 咸鸭洗净，切成大块；竹笋去壳，洗净，切成梳子片；板栗去皮，洗净，切块。
2. 油锅烧热，下入咸鸭、竹笋、板栗翻炒约3分钟，再加适量水。
3. 先用大火烧开，再转小火烧至熟，加盐、胡椒粉、香油调味即可。

【营养功效】鸭肉营养丰富，特别适宜夏秋季节食用，既能补充过度消耗的营养，又可祛除暑热给人体带来的不适。

小贴士

鸭肉与竹笋共炖食，可治疗老年人痔疮下血。

豉椒鸡片

主料：熟鸡片50克，豆豉20克，花椒5克。

辅料：火腿片25克，菠菜心25克，鸡汤250毫升，料酒25毫升，食用油、淀粉、盐各适量。

制作方法

1. 锅上火，下食用油烧热，放入火腿片略炸，倒入鸡汤，下鸡片、料酒、豆豉、花椒烧沸片刻。
2. 加入盐、菠菜心烧入味，用水淀粉勾薄芡，起锅装盘即可。

【营养功效】豆豉含有丰富的蛋白质、脂肪和碳水化合物，且含有人体所需的多种氨基酸，还含有多种矿物质和维生素等营养物质。

小贴士

豆豉按原料分有"黑豆豆豉"和"黄豆豆豉"两种。以黑褐色或黄褐色、鲜美可口、咸淡适中、回甜化渣、具豆豉特有豉香气者为佳。

干锅香辣鸡翅

主料：鸡翅6个。

辅料：干辣椒、花椒、葱段、姜片、蒜片、酱油、盐、料酒、面粉各适量。

制作方法

1. 鸡翅洗净并在表面划几刀，放料酒、酱油、盐、葱段、姜片腌30分钟，捞出葱段和姜片，然后撒上薄薄一层干面粉，抓匀。
2. 炒锅加热放食用油，待油烧至冒烟，下入鸡翅炸至表面有些金黄时，将鸡翅捞出待用。
3. 炒锅里留少许油，烧至五成热，放入干辣椒段、花椒、葱段、蒜片，爆出香味，立即下入鸡翅，快速炒匀即可。

【营养功效】鸡翅胶原蛋白含量丰富，对于保持皮肤光泽、增加皮肤弹性均有好处。

小贴士

操作第二步时应多放些油，以基本淹没鸡翅为宜。

主料：土鸡800克。

辅料：干辣椒50克，青花椒30克，食用油、芝麻、香油、花椒油各适量。

制作方法

1.将土鸡洗净切块后用盐腌制；将干辣椒切成节后干煸，装盘待用。

2.放适量油入锅，烧至八成热，将鸡块放置锅内炸酥，盛盘待用，锅内留底油。

3.将干辣椒节、青花椒放入锅内翻炒，放入鸡块同煸1分钟，当鸡块变红时加少量芝麻、香油、花椒油，焖5分钟即可。

【营养功效】鸡肉属于高蛋白低脂肪的食品，钾硫酸、氨基酸含量丰富。此菜有助于增强体力、强壮身体。

小贴士

鸡肉含有谷氨酸钠，可以说是"自带味精"，烹调鲜鸡时只需放油、盐、葱、姜、酱油等，味道就很鲜美。

干辣椒焖土鸡

主料：鸡肉250克，马蹄50克，泡椒15克。

辅料：鸡蛋1个，食用油、酱油、高汤、料酒、葱、姜、大蒜、醋、盐、味精、淀粉各适量。

制作方法

1.鸡肉去掉筋膜，洗净切丁，加盐、酱油、料酒、味精拌匀腌制；马蹄去皮，洗净切丁；泡椒去蒂、籽剁碎；葱、姜、蒜洗净切末；把鸡蛋清、淀粉、水调成稀糊。

2.炒锅置大火上，下油烧热，鸡丁用稀糊上浆后，下油锅滑散至熟。

3.下入泡椒，急速翻炒至鸡丁全部呈辣椒红色时，下入马蹄、姜、葱、蒜炒出香味，烹入用盐、酱油、料酒、糖、味精、淀粉、高汤兑成的汁，迅速翻炒，并滴入少许醋炒匀即可。

【营养功效】此菜对牙齿骨骼的发育有很大好处，适宜儿童食用。

小贴士

操作第2步时要控制好油温。

辣子鸡丁

主料：腊鸭300克，干茶树菇150克，尖椒50克。

辅料：盐、酱油、糖、食用油各适量。

制作方法

1.腊鸭洗净，切成小块；干茶树菇泡发，洗净，切碎；尖椒洗净，切成细丝。

2.烧热油锅，下入腊鸭块翻炒约2分钟，再下入干茶树菇和尖椒以及适量泡茶树菇的水。

3.焖至汁水全干时，加盐、酱油、糖调味即可。

【营养功效】茶树菇蛋白质营养丰富，其蛋白质中有18种氨基酸，人体必需的8种氨基酸含量齐全，具有补肾、利尿、除湿、健脾、益气健胃等功效。

小贴士

茶树菇具有极高的药用保健疗效，被誉为"中华神菇"。

茶树菇腊鸭脯

酸辣鸡杂

主料：鸡杂500克。

辅料：盐、香菜、食用油、大蒜、姜丝、酸辣椒、料酒、醋各适量。

制作方法

1.酸辣椒切段，待用；鸡杂洗净切片，待用。

2.锅置火上，放鸡杂煸炒至水干，装盘备用。

3.将炒锅洗净烧干水分，放食用油，放入大蒜、姜丝炒香，再放入鸡杂，炒到有香味时放几滴料酒，放入醋、孜然，之后将切好的酸辣椒放入锅里一起翻炒，放盐、香菜即可。

【营养功效】此菜具有滋阴壮阳的保健作用。

小贴士

鸡杂中的水分一定要炒干，以免有腥味。

成都元宝鸡

主料：整鸡800克。

辅料：糖30克，料酒10毫升，花椒30克，五香粉、香油各适量。

制作方法

1.鸡宰杀洗净；将调配料入锅炒匀，均匀地涂抹在鸡身的内外，然后入缸内腌制6天，中间倒缸一次。

2.将腌好的鸡出缸，用清水冲掉调料残渣，使整鸡呈元宝状，将鸡坯入沸水锅中浸烫一下，烫至鸡皮伸展，定型。

3.用麻绳将处理好的鸡拴住，悬挂在阴凉通风处，令其阴干，一般需晾7~10天。

4.食用前先用热水将鸡清洗干净，入蒸锅蒸熟，淋上香油即可。

【营养功效】此菜对营养不良、畏寒怕冷、乏力疲劳、月经不调、贫血、虚弱等症有很好的食疗作用。

小贴士

元宝鸡最宜蒸吃，不要加任何佐料，以免影响原有的风味。

麻辣鹅肠

主料：鹅肠300克。

辅料：葱50克、蒜10克、辣椒粉5克，辣椒油、盐、鸡精、香油各适量。

制作方法

1.鹅肠洗净，切成段；蒜切末，葱切段。

2.煮沸半锅水，加少许油、盐、葱段大火煮沸，倒入鹅肠焯熟，捞出沥干水，盛入大碗里。

3.加入盐、鸡精、香油、辣椒油、蒜末和辣椒粉拌匀，腌制15分钟即可。

【营养功效】鹅肠含有人体必需的各种氨基酸，其组成接近人体所需氨基酸的比例。

小贴士

鹅肠虽脆爽，但略带点韧，若以适量食用碱水脆过，使其本质略变松软，然后灼熟进食，则爽脆程度大增，口感极好。

樟 茶 鸭 子

主料： 鸭1只。

辅料： 花椒、盐各50克，料酒、醪糟汁各50毫升，食用油150毫升，木屑500克，柏树叶750克，樟树叶50克，茶叶、樟木屑、葱花、香油、甜面酱、味精、胡椒粉各适量。

制作方法 ○•

1.鸭宰净，盆内放入清水2000毫升左右，加花椒20粒和适量盐，将鸭放入浸渍4小时捞出，再放入沸水锅中稍烫，紧皮取出，晾干。

2.花椒、木屑、柏树叶、樟树叶拌匀，放入熏炉点燃起烟，以竹制熏笼罩上，把鸭放入笼中，熏10分钟翻转，熏料中加茶叶、樟木屑，再熏10分钟，至鸭皮呈黄色时取出。

3.将料酒、醪糟汁、胡椒粉、味精调成汁，均匀抹在鸭皮上及鸭腹中，将鸭子放入大蒸笼内，蒸2小时，取出晾凉。

4.炒锅上大火，下油烧至八成热，将鸭放入炸至鸭皮酥香捞出，刷上香油，切成小条装盘，鸭皮朝上盖在鸭颈上，摆成鸭形。上桌时将香油与甜面酱少许调匀，分盛两碟，葱花也分别摆入两小碟中，围在鸭的四边佐食。

【营养功效】鸭肉含有较为丰富的烟酸，对心肌梗死等心脏疾病患者有保护作用。

小贴士

鸭子制作前洗净，用盐水、花椒浸渍，去除异味，吸入咸味。

冬 菜 扒 鸭

主料： 鸭1500克。

辅料： 冬菜100克，盐、食用油、料酒、酱油、姜、大葱、淀粉各适量。

制作方法 ○•

1.鸭由脊背开刀去五脏洗净；锅内放清水煮沸，氽烫鸭子取出用洁布揾干水分；鸭皮上抹上料酒和酱油；冬菜洗净泥沙，切成节。

2.锅置火上放食用油烧至七成热，把鸭炸至皮呈黄色，捞出控油。

3.取一大汤碗鸭脯向下扒放着，把切好的冬菜放在鸭上，加盐、料酒、葱、姜、清水100毫升，上笼屉蒸3小时左右。

4.取出翻扣在大鱼盘中，把汤汁滗入锅内，调味，加水淀粉勾上薄芡，浇在鸭上即可。

【营养功效】此菜为人体提供丰富的蛋白质、脂肪、胡萝卜素、维生素C等营养成分。

小贴士

川冬菜，主产于四川的南充、资中。其制法是：将芥菜类的箭杆、青菜的菜苔（高17～20厘米时）采回切成数片，晾软，

虫草鸭

主料：嫩肥鸭1500克。

辅料：虫草20克，料酒、味精、葱段、姜片、盐、鸭汤各适量。

制作方法

1. 将净嫩肥鸭从背尾部横着开口，去内脏，割去屁股，放入沸水锅内煮尽血水，捞出斩去鸭嘴、鸭脚，将鸭翅扭翻在背上盘好。
2. 虫草用30℃温水泡15分钟后洗净。
3. 将竹筷削尖，在鸭胸腹部斜戳小孔，每戳一孔插入一根虫草，逐一插完后盛入大蒸锅中（鸭腹部向上），加料酒、姜片、葱段、盐、鸭汤，将锅盖严上笼蒸2小时至熟，拣去姜、葱，加入味精即可。

【营养功效】虫草味甘、性温，有秘精益气、保肺补肾、止血化痰的功效。

小贴士

蒸鸭时放入的盐要少，这样可使肉汤更鲜美。

生炒辣椒鸡

主料：公鸡400克。

辅料：干红尖椒35克，青尖椒40克，冬笋15克，干香菇10克，大葱15克，酱油、香油、盐、味精、姜、料酒各适量。

制作方法

1. 将公鸡去掉头、爪、臀尖洗净，片成两半，先用刀拍平，然后剁成条。
2. 青椒、红椒切条；冬笋切成柳叶片；水发香菇撕成窄长条；葱切段；姜切片。
3. 将剁好的鸡肉加酱油抓匀，用九成热油下勺冲炸至深红色，捞出将油控净。
4. 锅内放食用油烧热，用葱段、姜片爆锅，加料酒、酱油、盐、清汤，放入鸡条，煨烧。
5. 待煨烧至九成熟时加辣椒、冬笋、冬菇炒熟，滴上香油翻匀即可。

【营养功效】公鸡肉性属阳，善补虚弱，适合于男性青、壮年身体虚弱者服用。

小贴士

挑选香菇时，以菇香浓，菇肉厚实，菇面平滑，大小均匀，色泽黄褐或黑褐，菇面稍带白霜，菇褶紧实细白，菇柄短而粗壮，干燥，不霉，不碎的为佳；长得特别大的鲜香菇不要吃，因为它们多是用激素催肥的，大量食用可对机体造成不良影响。

主料：鸭肉600克，酸白菜200克。

辅料：盐、大葱、姜、味精、料酒各适量。

制作方法

1.鸭肉切小块；酸白菜切丝；葱切段；姜切丝。

2.大锅内放入鸭块、酸菜、姜丝、葱段、盐、味精，注入适量热水，大火煮20分钟至熟，烹入料酒即可。

【营养功效】酸菜发酸是乳酸杆菌分解白菜中糖类产生乳酸的结果。乳酸是一种有机酸，它被人体吸收后能增进食欲，可促进消化。

小贴士

酸菜只能偶尔食用，如果长期贪食，则可能引起泌尿系统结石。

姜丝酸菜鸭

主料：鸭掌500克。

辅料：芥末、料酒、葱、姜、盐、味精、白醋、糖、食用油各适量。

制作方法

1.将鸭掌洗净，煮约3分钟，用清水洗净；葱切段；姜切片。

2.原锅洗净，放入鸭掌、料酒、葱段、姜片、味精和250毫升清水煮至八成熟，取出稍凉，拆净大小骨头，一切两块，整齐地装盆中。

3.芥末粉加入温开水，调匀，再加入醋、糖、盐、味精、食用油拌匀，加盖30分钟后，浇在鸭掌面上即可。

【营养功效】芥末的主要辣味成分是芥子油，其辣味强烈，可刺激唾液和胃液的分泌，有开胃之功效。

小贴士

日常生活中通常使用的是芥末粉或芥末酱，以色正味冲、无杂质者为佳品。芥末不宜长期存放。

芥末鸭掌

主料：鸭心150克，姜丝20克，黑胡椒粒50克。

辅料：盐5克，味精3克，料酒10毫升，烧烤汁适量。

制作方法

1.鸭心中间起十字刀纹。

2.将切好的鸭心用姜丝、黑胡椒粒、盐、味精、料酒腌制入味。

3.将鸭心串好，用中火烤7~10分钟，然后抹上烧烤汁即可。

【营养功效】此菜含有较为丰富的核黄素、锌、硒和B族维生素，对一些器官的生长发育有促进作用。

小贴士

吃鸭心的时候拌些姜丝，味道更胜一筹。

黑椒鸭心

冬瓜鸭卷

主料：烤鸭脯肉400克，冬瓜500克。

辅料：辣椒油30毫升，葱白25克、盐、蛋清、红油、味精、食用油、豆豉、姜、大蒜、醋、胡椒粉、淀粉、蚝油各适量。

制作方法

1.将烤鸭脯肉切成条；冬瓜片成薄片，放入盆内加盐拌匀；姜、葱白切片，大蒜切粒。
2.取冬瓜片放在砧板上铺平，放入熟鸭条卷成卷，逐一卷完，接口处抹上蛋清淀粉粘住，摆入蒸碗内，加入胡椒粉、高汤、盐，入笼用大火蒸熟取出。
3.炒锅烧油至五成热，放入姜片、蒜粒、豆豉炒香，滗入冬瓜鸭卷原汁加水淀粉勾芡，放醋、葱白片、味精、红油、蚝油推匀，将冬瓜鸭卷扣入盘中，浇上味汁即可。

【营养功效】冬瓜含维生素C较多，且钾盐含量高，钠盐含量较低。

小贴士
可根据个人喜好增减食材。

吮指香辣鸭

主料：鸭架500克。

辅料：小葱、姜、大蒜各10克，花椒、干辣椒、食用油、盐、生抽、香油各适量。

制作方法

1.把鸭架切成块，把葱切葱花，姜切片，蒜切片，干辣椒用剪刀从中间剪开。
2.起锅倒入油，油热后放入准备好的葱花、姜片、蒜片、花椒、干辣椒、香油，翻炒一下。
3.倒入鸭架翻炒，放入盐炒匀。
4.倒入生抽翻炒，至熟即可。

【营养功效】鸭架骨中含有丰富的钙，对骨骼生长有益。

小贴士
如果偏爱甜香口味，可适量加些糖。

巴蜀扒鸡

主料：鸡1只。

辅料：胡萝卜、豌豆各50克，盐、胡椒粉、酱油、料酒、番茄酱、红油各适量。

制作方法

1.胡萝卜洗净，切丁；豌豆洗净；鸡宰杀后去内脏洗净，氽水后捞出；将盐、胡椒粉、酱油、料酒拌匀，涂在鸡皮上。
2.油锅烧热，放入鸡炸至金黄色至熟，盛出摆盘。再热油锅，入胡萝卜、豌豆同炒，调入番茄酱、红油和适量清水煮沸，待煮至汤汁浓稠时，淋在鸡上即可。

【营养功效】胡萝卜富含糖类、脂肪、挥发油、胡萝卜素、维生素A、维生素B$_1$、维生素B$_2$、花青素、钙、铁等营养成分。

小贴士
选用色泽鲜艳、新鲜的胡萝卜，口感更好。

主料：鸡肉400克。

辅料：花生仁20克，干辣椒20克，盐、味精、香油、生抽各适量。

制作方法

1.鸡肉洗净，切丁；干辣椒洗净，切段；花生仁洗净。
2.油锅烧热，下花生仁炒香，入鸡肉炒熟，加干辣椒炒匀。
3.用盐、味精、香油、生抽调味，装盘即可。

【营养功效】红辣椒含有丰富的维生素C和胡萝卜素，具有健胃消食等作用。

小贴士

生抽用来调味，因颜色淡，故做一般的炒菜或者凉菜的时候用得多。

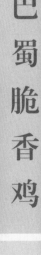

巴蜀脆香鸡

主料：鸡肉350克。

辅料：干辣椒50克，花生仁、红辣椒、盐、鸡精、红油各适量。

制作方法

1.鸡肉洗净，切块；干辣椒洗净，入油锅炸香，待用；花生仁入油锅炸香，去皮；红辣椒去蒂洗净，切圈。
2.热锅下油，下入鸡块炒散至发白，放入红辣椒、花生仁炒熟，调入盐、鸡精、红油，即可装盘，干辣椒在旁边摆圈即可。

【营养功效】鸡精中除含有谷氨酸钠外，更含有多种氨基酸，既能增加人们的食欲，又能提供一定营养。

小贴士

鸡精含盐，吸湿性大，使用以后要注意密封，否则容易滋生细菌。

渝州少妇鸡

主料：鸡肉500克，芋头300克。

辅料：鲜汤150毫升，葱、料酒、泡椒、盐各适量。

制作方法

1.鸡肉洗净，斩块；芋头去皮，切块；葱洗净，切碎。
2.油锅烧热，将芋头过油，至七成熟时捞起。
3.锅内留油，下鸡块炒干水分，入料酒、泡椒、鲜汤，煮沸。
4.加入芋头焖15分钟，放盐，装碗，撒葱花即可。

【营养功效】芋头含有一种黏液蛋白，被人体吸收后能产生免疫球蛋白，或称抗体球蛋白，可提高机体的抵抗力。

小贴士

泡椒，俗称"鱼辣子"，是川菜中特有的调味料。泡椒具有色泽红亮、辣而不燥、辣中微酸的特点。

成都芋头鸡

成都小炒鸡

主料：鸡肉400克。

辅料：食用油、盐、料酒、酱油、花椒粒、干辣椒、青椒、蚝油、大蒜、姜末各适量。

制作方法

1.鸡肉洗净，切块，加盐、料酒、酱油腌制；干辣椒、青椒均洗净，切段；大蒜去皮洗净，切丁。

2.锅内放食用油烧热，入干辣椒、大蒜、姜末、青椒、花椒粒炒香，放入鸡肉，炒至变色，调入蚝油拌匀，注入适量清水煮沸。

3.待煮至汤汁浓稠，起锅盛盘即可。

【营养功效】此菜富含蛋白质、脂肪、钙、磷、铁、维生素B$_1$、维生素B$_2$、尼克酸等营养成分，有滋补养身的作用。

小贴士

鸡肉性温，多食容易生热动风，因此不宜过食。

蜀香番茄鸡

主料：鸡肉500克。

辅料：青椒、红椒各50克，番茄酱30克，食用油、红油、料酒、盐、花椒各适量。

制作方法

1.鸡肉洗净，切块，用盐、料酒腌制；青椒、红椒洗净，切段。

2.锅里放食用油，下花椒爆香，将腌制好的鸡肉爆炒片刻，倒入番茄酱、红油、青椒、红椒、盐翻炒，加清水用大火煮沸，转小火慢煮至熟即可。

【营养功效】鸡肉具有温中益气、补精填髓、益五脏、补虚损的功效，可以治疗由身体虚弱而引起的乏力、头晕等症状。

小贴士

鸡肉爆炒时间不宜过长，否则肉会变老。

川东风味鸡

主料：鸡肉400克。

辅料：红椒、青椒各20克，泡椒10克，食用油、盐、大蒜各适量。

制作方法

1.鸡肉洗净切成条；泡椒、红椒、青椒分别洗净切段；大蒜洗净切末。

2.锅中倒食用油加热，下入蒜末爆香，再倒入鸡肉炒至变色。

3.加入盐和各种辣椒，炒熟入味即可。

【营养功效】辣椒性温，能通过发汗降低体温，并缓解肌肉疼痛，具有较强的解热镇痛作用。

小贴士

辣椒遇到高温就会使其含有的维生素C破坏，建议炒辣椒不要炒太久。

主料：鸡肉300克。

辅料：辣椒、白芝麻、葱、盐各4克，红油15毫升。

制作方法

1.鸡肉洗净，加盐腌制入味；辣椒和葱分别洗净切碎。

2.锅中注水煮沸，下入鸡肉煮熟后捞出沥干，切成大块，盛入碗中。

3.红油加热后倒入碗中，撒上白芝麻、辣椒和葱即可。

【营养功效】芝麻含有丰富的维生素E，能防止过氧化脂质对皮肤的危害，抵消或中和细胞内有害物质游离基的积聚，可使皮肤白皙润泽，并能防治各种皮肤炎症。

小贴士

芝麻外面有一层稍硬的膜，需碾碎才能使人体吸收到营养，所以整粒的芝麻应加工后再吃。

川味香浓鸡

主料：鸡爪500克。

辅料：红辣椒50克，黄椒20克，胡萝卜100克，莴笋100克，醋15毫升，姜、野山椒各20克，盐、味精各少许。

制作方法

1.鸡爪洗净，斩去爪尖；红辣椒、黄椒、胡萝卜、莴笋均洗净，切成条；姜切片。

2.将野山椒、盐、味精、醋和姜片加入适量凉开水调成泡汁放入坛子。将鸡爪、胡萝卜、黄椒、莴笋、红辣椒放入泡汁中浸泡2天，食用时取出装盘即可。

【营养功效】辣椒能促进体内激素分泌，改善皮肤状况。许多人觉得吃辣会长痘，其实并不是辣椒的问题。只有本身就爱长痘的体质，吃完辣椒才会火上浇油。

小贴士

吃辣椒虽能增进食欲，但肠胃功能不佳尤其是胃溃疡者食用辣椒，会使胃肠黏膜产生炎症，应忌食。

川府老坛子

主料：鸭心、鸭肝、鸭肫、鸭脯肉各150克。

辅料：蒜苗50克，尖椒30克，盐、酱油、料酒、食用油各适量。

制作方法

1.鸭心、鸭肝、鸭肫、鸭脯肉分别洗净，切成片；蒜苗洗净，切段；尖椒洗净，切碎。

2.油锅烧热，下入切好的鸭四宝爆炒至发白后，烹入料酒，再下入尖椒、蒜苗一起翻炒至熟。

3.最后加盐、酱油、料酒调味即可。

【营养功效】此菜具有可补肝、明目、养血等功效。

小贴士

高胆固醇血症、肝病、高血压和冠心病等患者应少食动物肝脏。

爆炒鸭四宝

烧椒皮蛋

主料：皮蛋500克，青椒10克。

辅料：醋、盐、红辣椒、酱油、香油、蒜、葱各适量。

制作方法

1.皮蛋剥壳洗净，切成瓣状摆在碟中；红辣椒洗净切丁；蒜洗净切蓉；葱洗净切末；青椒去蒂洗净。

2.青椒放在火上烤熟，在冷开水中洗掉烧焦的黑皮和辣椒籽，切粒。碗里放入蒜蓉、葱末、酱油、醋、盐、香油、红辣椒丁、烤椒粒搅拌均匀，倒在皮蛋上即可。

【营养功效】皮蛋富含铁质、甲硫胺酸和维生素E，能促进食欲。

小贴士

选购皮蛋时，可放在耳朵旁边摇动，品质好的皮蛋无响声，质量差的则有声音；而且声音越大品质越差，甚至已经变坏或变臭。

毛豆仔闷蛋

主料：毛豆仔400克，鸡蛋2个。

辅料：盐3克，鸡精1克，葱花5克，食用油适量。

制作方法

1.毛豆仔洗净，余水至断生，沥水装盘，加盐和鸡精拌匀。

2.鸡蛋打入碗中，加盐搅匀，均匀地倒在毛豆仔上。

3.油锅烧热，倒入拌好的毛豆，两面煎熟，撒上葱花即可。

【营养功效】毛豆中的钾含量很高，夏天食用可弥补因出汗过多而导致的钾流失，因而缓解由于钾的流失而引起的疲乏无力和食欲下降。

小贴士

一定要将毛豆煮熟或炒熟后再吃，否则，其中所含的植物化学物会影响人体健康。

麻酱鸡肫

主料：鸡肫400克。

辅料：酱油10毫升，红油20毫升，食用油、白芝麻、盐、味精、葱、大蒜各适量。

制作方法

1.鸡肫洗净，切片；大蒜洗净，切末；葱洗净，切末。

2.锅中注入食用油烧热，放入鸡肫翻炒至变色，再依次加入白芝麻、大蒜末、葱末、红油炒匀。

3.炒至熟后，加入盐、味精、酱油调味，起锅装盘即可。

【营养功效】此菜含胃激素、角蛋白、氨基酸以及微量胃蛋白酶、淀粉酶等，具有开胃、健胃等功效。

小贴士

鸡肫指家鸡的砂囊内壁，系消化器官，用于消化不良、遗精盗汗等症，效果极佳，故又名鸡内金。

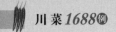

水产类食品注意事项

鱼的营养功效

鱼类是最古老的脊椎动物，营养丰富，各种类型的鱼营养功效不同：

鲫鱼有益气健脾、利水消肿、清热解毒、通络下乳等功效。

鲤鱼有健脾开胃、利尿消肿、止咳平喘、安胎通乳、清热解毒等功效。

鲢鱼有温中益气、暖胃、润肌肤等功效，是温中补气养生食品。

青鱼有补气养胃、化湿利水、祛风除烦等功效。

黑鱼有补脾利水、去淤生新、清热祛风、补肝肾等功效。

草鱼有暖胃和中、平肝祛风等功效，是温中补虚养生食品。

带鱼有暖胃、补虚、泽肤、祛风、杀虫、补五脏等功效，可用作迁延性肝炎、慢性肝炎的辅助治疗。

黄鳝入肝脾肾三经，有补虚损、祛风湿、强筋骨等功效，对血糖也有一定的调节作用。

泥鳅有补中益气、祛除湿邪、解渴醒酒、祛毒除痔、消肿护肝之功效。

食鱼误区

1.生吃鱼片得肝吸虫病。
很多人都喜欢生鱼片的鲜嫩美味，殊不知生吃鱼片对肝脏很不利，极易感染得肝吸虫病，甚至诱发肝癌。

2.擅吃鱼胆解毒不成反中毒。
鱼胆汁中含有水溶性鲤醇硫酸酯钠等具有极强毒性的毒素，这些毒素既耐热，又不会被酒精所破坏，擅吃鱼胆非常危险，极易引发中毒甚至危及生命。

3.空腹吃鱼可能导致痛风。
痛风是由于嘌呤代谢紊乱导致血尿酸增加而引起组织损伤的疾病。绝大多数鱼类富含嘌呤，如果空腹大量摄入含嘌呤的鱼肉，却没有足够的碳水化合物来分解，人体酸碱平衡就会失调，容易诱发痛风或加重痛风病患者的病情。

4.活杀现吃残留毒素危害身体。
鱼的体内都含有一定的有毒物质，活杀现吃，有毒物质往往来不及完全排除，鱼身上的寄生虫和细菌也没有完全死亡，这些残留毒素很可能对身体造成危害。

处理鱼的技巧

1.去鳞片：抓住鱼头，最好以纸巾或干布包裹，用刀背或刮鱼鳞的专用工具沿鱼鳞及鱼鳍逆着生长的方向刮下，再用清水洗净。

2.划开鱼肚：以刀的尖端刺进鱼肚，再沿着边缘划开（或用剪刀剪开），划开的范围约从鳃盖下方到下腹鱼鳍前。划开的时候要将鱼肉挑高，避免划破内脏，以致苦味沾染鱼肉。

3.去除鱼鳃：翻开鱼鳃的外盖，用手抓住鱼鳃或用剪刀夹住鱼鳃向外拔除。鱼鳃共有四片，左右各两片，必须全部清除干净。

4.清除内脏：从划开的开口将鱼腹的内脏全部取出，取时要从靠近鱼头或鱼尾的地方用力拔除，不要用力捏住，否则会弄破内脏散发苦味。

鱼肉烹调技巧

1.作为通乳食疗时应少放盐。

2.烹制鱼肉不要放味精。

3.煎鱼不粘锅的窍门。炒锅洗净，放大火烧热，用切开的姜把锅擦一遍，然后在炒锅中放鱼的位置上淋上一勺油，油热后倒出，再往锅中加凉油，油热后下鱼煎，即可使鱼不粘锅底。

4.在烹调时加入适量的肥膘肉，可以去除鱼的腥臭味，增加菜肴的香味与营养价值，并使成菜汁明油亮。

5.活宰的鱼不要马上烹调，否则肉质会发硬，不利于人体吸收。

6.烧鱼之前，可先将鱼下锅炸一下，注意油温宜高不宜低。如烧鱼块，应裹一层薄薄的水淀粉再炸。

7.烧鱼时火力不宜大，汤不宜多，以刚没过鱼为度。待汤煮沸后，改用小火煨焖，至汤浓放香时即可。

8.在煨焖过程中，要少翻动鱼。为防止巴锅，可将锅端起轻轻晃动。

9.切鱼块时，应顺鱼刺下刀，这样鱼块不易碎。

10.生拆鱼刺的方法。在鱼腮盖骨后切下鱼头，将刀贴着脊骨向里批进，鱼身肚朝外，背朝里，左手就抓住上半片鱼肚，批下半片鱼肚，鱼翻身，刀仍贴脊骨运行，将另半片也批下，随后鱼皮朝下，肚朝左侧，斜刀批去鱼刺。

葱酥鲫鱼

主料：鲜鲫鱼500克，葱段30克。

辅料：姜片30克，泡红辣椒25克，料酒30毫升，盐、醋、酱油、香油、味精、胡椒粉各适量。

制作方法

1.在鲫鱼身上刻上一字花刀，用盐、料酒、葱段、姜片腌制15分钟；把鱼放入热油中炸制，鱼皮炸紧绷之后捞出。

2.泡红辣椒切段，入油锅炒香，加料酒、酱油、清汤，再把鱼放入锅内，加味精、盐、葱段，改用小火烧透，再用大火收汤。

3.用清汤加醋勾芡，撒在鱼身上即可。

【营养功效】鲫鱼含有丰富的蛋白质，还有钙、磷、铁等微量元素，具有和中补虚、除湿利水等功效。

小贴士

用浸湿的纸贴在鱼的眼睛上，防止鱼视神经后的死亡腺离开水后断掉。

豆豉蒸鱼

主料：草鱼700克，豆豉10克。

辅料：红辣椒1个，蒜末、姜末、葱花、酱油、盐、料酒各适量。

制作方法

1.草鱼杀好洗净，放盘上备用；红辣椒切末。

2.将姜末、豆豉、红辣椒末与酱油、盐、料酒拌匀，淋在鱼身上。

3.放入蒸笼蒸20分钟，食用前撒入葱花即可。

【营养功效】草鱼的脂肪多为不饱和脂肪酸，能很好地降低胆固醇，可以防治动脉硬化、冠心病。

小贴士

巧去鱼腥味：将鱼去鳞剖腹洗净后，放入盆中倒一些料酒，就能除去鱼的腥味，并能使鱼滋味鲜美。

花仁鱼排

主料：草鱼800克，花生仁150克，鸡蛋2个。

辅料：食用油150毫升，淀粉、盐、姜丝、葱花、料酒各适量。

制作方法

1.将鱼剖改为厚1厘米的块，用姜丝、葱花、料酒、盐码味10分钟；花生仁炸酥碾碎。

2.将鱼块周身裹匀鸡蛋淀粉后再粘上一层花生仁，入热油锅中逐块炸完。

3.待油温升至七成热时，再入锅炝炸至表层酥透且呈金黄色时捞起；置墩子上改成宽1.5厘米的条块，装盘即可。

【营养功效】草鱼含有丰富的硒元素，经常食用有抗衰老、养颜的功效。

小贴士

炸制时油温应稍低，以防花生仁出现焦糊现象；鸡蛋淀粉须调制得稍干，因为鱼片很滑，不易粘上鸡蛋淀粉。

花椒鱼片

主料：草鱼1000克，金针菇200克。

辅料：食用油100毫升，鸡蛋1个，大葱50克，花椒30克、红椒丝、味精、料酒、胡椒粉、淀粉、清汤、姜、盐各适量。

制作方法

1. 草鱼宰杀去鳞、去鳃，剖腹去内脏洗净，然后去头，片成鱼片。葱切节，姜切片。金针菇洗净入沸水略煮，捞出盛入钵内打底。鱼片加料酒少许，码蛋清、淀粉待用。
2. 炒锅置大火上，加入食用油50毫升烧至六成热，下红椒丝、姜片、葱节爆香，倒入清汤，加料酒、盐、胡椒粉、味精煮沸。将码好味的鱼片放入清汤中，煮至九成熟起锅装入钵内，放入味精。
3. 另锅置大火上，放食用油50毫升烧至七成热，下花椒炸香，起锅淋在鱼片上面即可。

【营养功效】草鱼肉中含蛋白质、脂肪、钙、磷、铁、核黄素、尼克酸，此菜具有暖胃、补虚的功效。

小贴士

花椒鱼片在花椒的使用上超常规数十倍，猛烈的刺激能给人一种畅快之感，在鱼片的制作上力求细嫩滑感，又可谓精细之极。

麻辣水煮鱼

主料：草鱼1000克，莴笋300克，干辣椒节250克。

辅料：食用油150毫升，豆瓣酱50克，料酒25毫升，鲜汤100毫升，醪糟汁10毫升，花椒、老姜、大蒜、小葱、胡椒粉、盐、糖、酱油、味精、水淀粉各适量。

制作方法

1. 草鱼宰杀去内脏洗净，取下净鱼肉，斜刀片成片，放入碗中，加盐、料酒、水淀粉和匀；鱼头及鱼骨斩成块；老姜、大蒜切末；莴笋切成片；小葱切成葱花。
2. 锅置大火上，放食用油烧至四成热，放入干辣椒节、花椒、豆瓣酱炒香上色，投入姜末、蒜末稍炒，加鲜汤，加盐、料酒、胡椒粉、糖、酱油、醪糟汁、鱼头、鱼骨熬出味至熟。
3. 另锅置大火上，放食用油烧热，投入莴笋尖加盐炒断生；将熬出味的鱼头及骨捞出倒在莴笋尖上，锅内汤汁煮沸，放入鱼片滑散余熟，烹入味精炒匀，起锅盛入碗中，撒上葱花。
4. 锅内放食用油烧至五成热，放入干辣椒、花椒、姜末、蒜末炒香，淋在葱花上即可。

【营养功效】莴笋含有多种维生素和矿物质，具有调节神经系统功能的作用。

小贴士

此菜有助于抵御风湿性疾病和痛风。

水煮花鲢鱼

主料： 鲢鱼800克。

辅料： 淀粉30克，干辣椒、大蒜各20克，花椒粉、蘘荷、姜、葱、豆瓣酱、老抽、糖、食用油、盐各适量。

制作方法

1. 将鱼剖肚，洗净肚里的所有附着物，切小块；鱼块用淀粉、盐拌匀码味。
2. 将姜、大蒜切片，葱切段；姜片、蒜片、豆瓣酱、老抽、糖放同一碗里。
3. 干辣椒切段，与花椒粉放同一个碗里。锅内放食用油烧至八成热，将姜片、蒜片、豆瓣酱、老抽、糖放入锅里小火慢炒，至呈亮色后加入汤或水。
4. 煮沸后改中火熬几分钟，加蘘荷，倒入鱼块，煮7～8分钟；加入干辣椒、花椒粉、味精、葱花，拌匀起锅即可。

【营养功效】鲢鱼味甘、性温，能起到暖胃、补虚、化痰、平喘的作用。

小贴士

煮鱼的水量不宜多，以鱼片放入后，刚刚被水淹过即可。煮好倒入盆中后，有部分鱼片会露在外边。

糖醋鳜鱼卷

主料： 鳜鱼1500克，冬菇50克，马蹄50克，鸡蛋4个。

辅料： 食用油100毫升，醋50毫升，糖50克，淀粉30克，大葱、姜、蒜、料酒、酱油、盐、味精各适量。

制作方法

1. 鳜鱼取净鱼肉切成长片；剩下的鱼肉和冬菇、马蹄、葱、姜、蒜均切成细丝；取蛋清兑淀粉调成稀糊；把鱼片和冬菇、马蹄分别用盐、料酒、味精拌匀，腌上味。
2. 鱼片平铺案上，抹上蛋糊，将配料分成份放在鱼片的一端，卷成圆圈；锅内加食用油煮沸，先把鱼头尾滚上淀粉炸熟，捞出摆盘；将鱼卷滚上淀粉，下入油锅内炸到表面金黄色。
3. 锅内热油，下入葱、姜、蒜稍煸，再加酱油、醋、糖、高汤、料酒，煮沸后，用水淀粉勾芡，淋熟油，待汁翻大泡时浇在鱼卷上即可。

【营养功效】鳜鱼肉的热量不高，而且富含抗氧化成分，对于贪恋美味、想美容又怕肥胖的女士是极佳的选择。

小贴士

吃过鱼后，口里有味时，嚼上三五片茶叶，立刻口气清新。

主料： 草鱼200克，鸡蛋75克，芝麻100克。

辅料： 红辣椒20克，香菜20克，面粉25克，食用油、料酒、糖、葱花、姜末、香油、淀粉、花椒粉、盐、味精各适量。

制作方法

1. 将鸡蛋、面粉、水淀粉和水调制成糊；红辣椒切末。
2. 鱼肉切方条，用料酒、盐、糖、味精腌一下，放入鸡蛋糊内拌匀，逐条粘上芝麻，用盘装上；用汤、水淀粉、香油、葱花兑成汁。
3. 锅内放食用油烧热，将麻仁鱼条下油锅炸酥呈金黄色时捞出沥油；锅内留油，将红辣椒末、姜末、花椒粉下油锅炒香，倒入麻仁鱼条和兑汁，翻颠几下装盘，拼香菜即可。

【营养功效】此菜含丰富的蛋白质和适度的脂肪，以及十多种氨基酸、多种维生素和矿物质，有暖胃和中等功效。

小贴士

芝麻具有养血的功效，可以治疗皮肤干枯、粗糙，令皮肤细腻光滑、红润光泽，所以此菜尤其适宜在干燥的季节食用。

香辣麻仁鱼条

主料： 河虾400克，花生仁50克。

辅料： 盐3克，胡椒粉2克，生抽、辣椒油、食用油、料酒、辣椒酱、淀粉、干辣椒各适量。

制作方法

1. 河虾剪去虾须，挑出虾线洗净，从背部片一刀，加入盐、料酒、水淀粉腌制；干辣椒洗净，切段；花生仁用温水浸泡后去皮、洗净，放入热油锅中炸至香脆后捞出。
2. 锅内入食用油烧热，入花椒爆香后捞除，再入干辣椒、辣椒酱炒香，加入河虾爆炒至熟。
3. 放入花生仁，调入胡椒粉、生抽、辣椒油炒匀，起锅盛入盘中即可。

【营养功效】虾营养丰富，有补肾壮阳、通乳抗毒、养血固精、化淤解毒、益气滋阳等功效。

小贴士

虾为动风发物，患有皮肤疥癣者忌食。

宫保凤尾虾

主料： 螃蟹600克，虾300克。

辅料： 香菜10克，盐5克，豆瓣酱25克，大蒜10克，料酒25克，糖6克，食用油适量。

制作方法

1. 将螃蟹仔细刷洗干净；虾洗净，剪去虾须，再去沙线；香菜洗净，切段。
2. 锅内放食用油烧至五成热，下入豆瓣酱、大蒜用小火炒至出色时，放入蟹块、虾翻炒2分钟，烹入料酒，再加适量清水烧开。
3. 然后转小火慢煲30分钟出锅装盘，加盐、糖调味，再撒上香菜段即可。

【营养功效】螃蟹含有丰富的蛋白质及微量元素，对身体有很好的滋补作用，还有抗结核作用。

小贴士

吃螃蟹不宜饮用冷饮，否则会导致腹泻。

馋嘴海霸王

麻辣黄鳝

主料： 黄鳝500克。

辅料： 香油、花椒、红辣椒、姜、大蒜、葱白、料酒、盐各适量。

制作方法

1.将黄鳝宰杀干净，去内脏，切段；红辣椒切片；姜切片；大蒜拍碎；葱白切段。

2.锅内热油，下入姜、大蒜、葱白炒香，放入黄鳝段煸炒。

3.烹入料酒、花椒、红辣椒片、盐、水稍煮片刻，起锅装盘，淋上香油即可。

【营养功效】鳝鱼含丰富维生素A，能增进视力，促进皮膜的新陈代谢。

小贴士

鳝鱼宜现杀现烹，因其体内含组氨酸较多，味很鲜美，死后的鳝鱼体内的组氨酸会转变为有毒物质，故所加工的鳝鱼必须是活的。

茄子蒸鱼片

主料： 茄子500克，草鱼300克。

辅料： 食用油100毫升，淀粉、味精、盐、胡椒各适量。

制作方法

1.将鱼斩去头尾，取其净肉，切成大片。用盐、味精、胡椒、水淀粉搅拌腌制。

2.茄子去皮改成条状，锅内下食用油烧热，放入茄子拉熟，取出摆于盘中垫底。

3.将鱼片摆放于茄子上，上笼蒸熟，取出淋上炸油即可。

【营养功效】茄子含有多种矿物质，与鱼同烹具有清热解毒、活血、消肿、暖胃和中之功效。

小贴士

上笼蒸时，注意掌握火候，不宜蒸得太老。

松仁玉米烩财鱼

主料： 财鱼400克，鲜玉米150克，松子50克，黄瓜150克。

辅料： 盐、味精、葱油、淀粉、食用油各适量。

制作方法

1.将财鱼宰杀后洗净，去皮、骨，切成丁，蘸上淀粉。

2.松仁过油；黄瓜切成玉米粒大小。

3.锅内放食用油烧至四成热，下鱼丁滑散至熟起锅，加鲜汤适量，下入玉米、黄瓜，用水淀粉勾芡，收汁后淋上葱油装盘，撒上松仁即可。

【营养功效】财鱼有补脾益胃、利水消肿等功效。

小贴士

有疮者不可食用财鱼。

主料：海参750克，鸽蛋400克。

辅料：食用油100毫升，盐、味精、料酒、胡椒粉、大葱、姜、淀粉各适量。

制作方法

1.海参洗去肠衣，放入沸水中氽片刻，捞出待用；鸽蛋放冷水锅中，煮约10分钟捞出放凉水冷却，剥外壳洗净；大葱、姜拍碎。
2.锅中放食用油烧热，放入大葱、姜炒香，倒入高汤，放入海参、盐、味精、料酒、胡椒粉，用小火煮10分钟。
3.放入鸽蛋再煮2分钟，捞出鸽蛋放在圆盘中央摆成圆形，将海参置于圆盘四周。
4.锅中原汤汁煮沸，用水淀粉勾芡后浇在海参和鸽蛋上即可。

【营养功效】海参具有提高记忆力，延缓性腺衰老，防止动脉硬化、糖尿病等功效。

小贴士

海参不宜与甘草酸、醋同食。

主料：青鱼750克，冬菜100克，猪肉50克。

辅料：酱油、料酒、味精、盐、姜、大葱、食用油各适量。

制作方法

1.青鱼宰杀洗净，用刀在鱼身两侧剖上十字花刀（深至骨）；冬菜洗净切成细末；猪肉切成细末；大葱、姜切末待用。
2.锅中放食用油烧热，将鱼下锅，待炸至两面浅黄色时捞出，锅中留底油，把肉末、冬菜下锅稍炒。
3.待出香味时烹入料酒、酱油、水，把鱼、姜末、盐、味精放入锅中，煮沸，转小火慢烧，待鱼烧透，捞出装盘。
4.将葱末放入原锅料汁中，待汁收稠，浇在鱼上即可。

【营养功效】鱼肉中富含核酸，这是人体细胞所必须的物质，核酸食品可延缓衰老，辅助疾病的治疗。

小贴士

青鱼忌用牛、羊油煎炸，且不可与荆芥、白术、苍术同食。

主料：大虾600克，面包渣60克。

辅料：鸡蛋1个，食用油800毫升，面粉30克，盐3克，胡椒粉3克。

制作方法

1.将大虾的头、皮、腿、尾去掉，取出脊背黑线，洗干净，用小刀划开脊背至尾，平铺在菜板上，剞斜象眼花刀。
2.将大虾肉放入碗内，加入盐、胡椒粉搅拌均匀，两面蘸一层面粉。
3.将大虾下入七成热的油中，炸至金黄色，入盘即可食用。

【营养功效】虾的通乳作用较强，并且富含磷、钙，对小儿、孕妇尤有补益功效。

小贴士

海河虾子切记不可同猪肉、鸡肉同食，同食会使肝肾功能衰竭。

乌龙团珠

冬菜绍子鱼

吉利大虾

东 坡 墨 鱼

主料: 墨鱼1条。

辅料: 香油50毫升,豆瓣酱、淀粉各50克,葱花15克,葱白、姜末、蒜末各10克,醋、料酒、盐、酱油、肉汤、糖、食用油各适量。

制作方法 ○•

1.墨鱼洗净,顺剖为两半,头相连,两边各留尾巴一半,剔去脊骨,在鱼身的两面直刀下、平刀进剞六七道刀纹。然后用盐、料酒抹遍全身。

2.将葱白先切成7厘米长的段,再切成丝,漂入清水中。

3.炒锅上火,下食用油烧至八成热,将鱼全身粘满干淀粉,提起鱼尾,用炒锅舀油淋于刀口处,待刀口翻起定形后,将鱼腹贴锅放入油里,炸至呈黄金色时,捞出装盘。

4.炒锅留油,下姜末、蒜末、豆瓣酱炒熟后,下肉汤、糖、酱油,用水淀粉勾薄芡,撒上葱花,烹醋,放香油,快速起锅,淋在鱼上,撒上葱丝即可。

【营养功效】墨鱼含有丰富的蛋白质,具有养血、通经、催乳、补脾、益肾等功效。

小贴士

墨鱼必须里外洗净,去除鱼内血筋,成菜后便无腥味。

葱 辣 鱼

主料: 鲜鱼肉400克,葱段50克。

辅料: 泡椒节、姜片各15克,料酒20毫升,食用油500毫升,鲜汤50毫升,酱油、糖、醋、盐、香油、辣椒油、胡椒粉各适量。

制作方法 ○•

1.鲜鱼肉洗净,切成长约6厘米、宽约2厘米的条形,用盐、料酒、姜片、葱段、胡椒粉拌匀,腌制码味后,去尽汁水和姜片、葱段。

2.锅置大火上,下食用油烧热至200℃左右,下鱼条炸至呈黄色时捞起。

3.净锅食放用油烧热,下葱段煸炒出香味,再下姜片、泡椒节稍煸,入鲜汤、盐、酱油、料酒和糖、醋,待沸下鱼条,用中火烧至汁浓将干时,加入香油、辣椒油,起锅入盘晾凉。

4.食用时以葱段垫盘底,上放鱼条,去掉姜片和泡椒节,原汁淋于鱼条上即可。

【营养功效】鱼肉含有丰富的镁元素,对心血管系统有很好的保护作用,有利于预防高血压、心肌梗死等心血管疾病。

小贴士

吃鱼前后忌喝茶。

红杞活鱼

主料： 活鲫鱼750克，枸杞子15克，香菜10克。

辅料： 清汤500毫升，奶汤50毫升，葱15克，醋10毫升，香油、料酒、胡椒粉、姜、盐、味精、食用油各适量。

制作方法

1. 鲫鱼去鳍、鳃、鳞，剖腹去内脏，用沸水略氽一下，用凉水洗净，在鱼身上刳成十字花刀。
2. 香菜洗净，切成段；葱大部分切丝，少许切花；姜切末。
3. 将锅烧热，依次下食用油、清汤、奶汤、姜末、葱花、胡椒粉、味精、料酒、盐，熬成汤汁。
4. 用另一锅注入清水煮沸，放入鲫鱼煮约4分钟捞出，放入汤锅内，然后将枸杞子洗净入锅，先用大火煮沸，后移小火炖20分钟，加入葱丝、香菜、醋、香油调味即可。

【营养功效】枸杞子有补肾益精、养肝明目、补血安神、生津止渴、润肺止咳的功效。

小贴士

感冒发烧、身体有炎症、腹泻的人最好不要吃枸杞子。

酸菜野生大鳜鱼

主料： 鳜鱼300克，酸菜60克。

辅料： 盐、胡椒粉、生抽、白醋、料酒、辣椒油、鸡蛋清、淀粉、红辣椒、葱、食用油各适量。

制作方法

1. 鳜鱼洗净去内脏，取肉切片，加盐、料酒、鸡蛋清、淀粉腌制；酸菜洗净，切碎；红辣椒、葱分别洗净，切丝。
2. 锅置火上，入食用油烧热，放入酸菜稍炒后，注入适量高汤烧开。
3. 调入盐、胡椒粉、生抽、白醋拌匀，倒入鱼片烫熟后，起锅盛入碗中，淋入辣椒油，撒上葱丝、红辣椒丝即可。

【营养功效】鳜鱼含有蛋白质、脂肪、少量维生素、钙、钾、镁、硒等营养元素，具有补气血、益脾胃的滋补功效。

小贴士

有哮喘、咯血的病人不宜食用，寒湿盛者不宜食用。

芹 黄 鱼 丝

主料：鲤鱼750克，芹黄200克。

辅料：泡红辣椒30克，淀粉30克，姜、蒜各10克，蛋清、醋、食用油、酱油、糖、味精、香油、料酒、盐各适量。

制作方法

1.将鲤鱼宰杀干净，对剖剔骨后，将鱼净肉切成丝；芹黄切成7厘米的节；泡红辣椒去籽后切丝；蒜、姜切细粒。

2.蛋清和淀粉搅匀，加料酒、盐调匀，与鱼丝拌匀。将酱油、糖、醋、味精、香油、水淀粉加汤兑成芡汁。

3.炒锅置大火上，下食用油烧热，下码好味的鱼丝，将锅端离火口，用筷子将鱼丝拨散，鱼丝变白后起锅。

4.锅内留底油，烧热，下姜、蒜粒及泡红辣椒和芹黄煸炒至出香味后，放入鱼丝炒匀，烹入芡汁，炒匀即可。

【营养功效】鲤鱼的脂肪多为不饱和脂肪酸，能很好地降低胆固醇，可以防治动脉硬化、冠心病。

小贴士

鲤鱼鱼腹两侧各有一条同细线一样的白筋，去掉可以除腥味。

白 汁 鱼 肚

主料：水发鱼肚250克，奶汤250毫升。

辅料：食用油100毫升，鸡油、料酒、淀粉、盐、味精、胡椒粉各适量。

制作方法

1.将鱼肚整块先用食用油浸软，捞出切小块再下入食用油中稍加温继续浸泡，待鱼肚出现气泡，继续提高油温，使鱼肚全部鼓起，为使之充分鼓足，稍加点水则彻底发透。

2.使用时，将油发鱼肚用水泡上，待皮发软时挤去水分斜切成较大的片。为去鱼肚油腻可用温碱水洗，再用温水洗去碱味，最后用凉水洗净，挤去水分。

3.把炒锅注食用油烧热，加入奶汤、调料和鱼肚，以中火煮至汁浓时加味精，用水淀粉勾芡，淋上鸡油即可。

【营养功效】鱼肚营养价值很高，含有丰富的蛋白质和脂肪，具有补肾益精、滋养筋脉、止血、散淤、消肿等功效。

小贴士

鱼肚越干越好，对光照看，有透明感，质地洁净，无血筋等物，色泽透亮为佳，受潮鱼肚灰暗无光泽，质次。

炸珍珠虾

主料： 大虾370克，生菜叶70克。

辅料： 鸡蛋2个，面粉25克，面包50克，食用油500毫升，葱、姜、盐、胡椒粉、料酒、味精各适量。

制作方法

1. 葱、姜切片；面包切成绿豆大小的丁；生菜叶消毒洗净；将大虾洗净后去头、皮、壳，去脊缝屎线，由脊背缝下刀切开成为一扇，并在一面浅剞十字花刀，用调料把切好的虾拌匀腌30分钟入味。
2. 将大虾两面蘸上面粉再滚上打散的鸡蛋浆，裹上面包丁，用手按实不使脱落。
3. 炒锅放食用油烧到六成热后，将上述处理好的虾放入，炸成金黄色，至表面黄脆、内熟时捞出。然后，将每只虾改刀切成三块盛盘，围上生菜叶即可。

【营养功效】大虾营养丰富，且其肉质松软，易消化，对身体虚弱以及病后需要调养的人是极好的食物。

小贴士

买大虾的时候，要挑选虾体完整、甲壳密集、外壳清晰鲜明、肌肉紧实、身体有弹性，并且体表干燥洁净的。

豆苗炒虾片

主料： 大虾700克，豆苗500克。

辅料： 鸡蛋2个，食用油800毫升，水淀粉40毫升，料酒、葱、姜、盐、胡椒粉、汤、味精各适量。

制作方法

1. 将大虾剥壳去头，由脊背拉一刀，将屎线挑出，清洗干净。把每只虾肉片成片。姜切片。葱剖开切2厘米长的节段。把豆苗洗净，摘去尖。
2. 用25毫升水淀粉和鸡蛋清调成糊，另用盐、味精、料酒把虾片拌匀，调味，并浆上蛋糊。
3. 将炒锅烧热后注食用油，将虾片、豆苗下进热油锅中滑熟后捞出，装盘。再用所余的水淀粉、料酒、味精、盐、汤兑成汁，入净锅中烧热，淋在虾片上即可。

【营养功效】此菜含有丰富的镁，镁对心脏活动具有重要的调节作用，能很好地保护心血管系统，可减少血液中胆固醇含量，防止动脉硬化。

小贴士

色发红、身软、掉拖的虾不新鲜尽量不吃，腐败变质虾不可食；虾背上的虾线应挑去不吃。

干蒸黄鱼

主料：黄鱼1000克。

辅料：肉丝100克，泡椒丝25克，葱丝、姜丝、香菇丝、冬笋丝、榨菜丝各25克，食用油、酱油、胡椒粉、料酒、味精、盐各适量。

制作方法

1.黄鱼洗净，两侧剞一字花刀，用料酒、盐、葱丝、姜丝、胡椒粉腌30分钟。

2.起锅下食用油，煸炒肉丝，下泡椒丝、葱丝、姜丝煸炒，再放入香菇丝、冬笋丝、榨菜丝、酱油、胡椒粉、料酒、味精炒匀，出锅后浇在鱼上。

3.上笼蒸熟，取出后在表面撒葱丝，浇些热油即可。

【营养功效】黄鱼含有丰富的蛋白质、微量元素和维生素，对人体有很好的补益作用，对体质虚弱者和中老年人来说，食用黄鱼会收到很好的食疗效果。

小贴士

黄鱼不可与荞麦同食，同食难消化，有伤肠胃。

豆瓣酱鱼

主料：鲜鱼1条。

辅料：豆瓣酱、姜丝、蒜末、盐、料酒、酱油、糖、葱花、味精、食用油、水淀粉各适量。

制作方法

1.鲜鱼宰杀去内脏洗净后，在两面各轻剞5刀。炒锅置大火上，放食用油烧热，下鱼煎至两面微黄。

2.留适量油，将鱼拨到锅边，下豆瓣酱、姜丝、蒜末炒香，加肉汤、盐、料酒、酱油、糖。拨入鱼，用中火慢烧10分钟翻过，再烧至鱼肉熟透，盛入鱼盘。锅内用水淀粉勾芡，加葱花、味精，滴少许醋和匀起锅，浇在鱼上即可。

【营养功效】葱有降低胆固醇和预防呼吸道和肠道传染病的作用，经常吃葱还有一定的健脑作用。

小贴士

鱼忌与猪肝同食，不利消化。

米熏鱼

主料：鲜鱼1条。

辅料：料酒30毫升，酱油20毫升，糖20克，食用油、盐、姜片、葱段、鲜汤各适量。

制作方法

1.鲜鱼去鳞、鳃，剖腹洗净，去掉牙骨，斩成斧头块，用盐、料酒、酱油、姜片、葱段腌制15分钟取出。

2.锅置大火上，下食用油烧热，下鱼炸至呈金黄色捞起。

3.锅内留底油，下葱段、姜片，炒至变色出味后，去掉葱段、姜片，加料酒、糖、酱油、鲜汤搅匀。

4.将锅移中火上，下鱼块，至滋汁收干起锅。土钵装烧红的木炭，放入木屑烧至起烟，将鱼盛入簸箕或特制的熏笼内，烟熏几分钟取出。吃时切成条形装盘即可。

【营养功效】鱼中富含锌、硒和碘等微量元素，是儿童骨骼、肌肉生长和免疫系统建立所需要的营养物质。

小贴士

活宰的鱼不要马上烹调，否则肉质会发硬，不利于人体吸收。

麻辣蛋羹鱼

主料： 鲫鱼600克。

辅料： 鸡蛋150克，辣椒块50克，葱段、姜片、盐、料酒、胡椒粉、红油、花椒粉、香油各适量。

制作方法

1. 将鲫鱼宰杀后去鳞、鳃及内脏洗净，切下头、尾，去骨、皮，鱼肉切成瓦垄片，用料酒、盐、葱段、姜片腌制鱼片、鱼头、鱼尾，将鱼骨、鱼皮加清汤熬制成鲜鱼汤。
2. 将鸡蛋打散，加入鲜鱼汤、盐、胡椒粉搅匀，一半倒入盘内上笼蒸熟，剩下的蛋液倒入腌好的鱼片、鱼头、鱼尾内拌匀，呈鱼形摆在蒸熟的蛋液上，上笼蒸熟。
3. 锅内注红油烧热，放入辣椒块、花椒粉、香油制成麻辣汁，淋在蛋羹上即可。

【营养功效】 此菜含丰富的卵磷脂、蛋黄素以及钙、磷、铁、维生素A、维生素D及B族维生素，对青少年成长发育有益。

小贴士

可以先把鱼在锅里煮一会儿，待蛋白质凝固后再放姜，也可在烧鱼汤的时候加入适量的牛奶、米醋或料酒，都可达到去腥的效果。

天府瓦块鱼

主料： 草鱼500克。

辅料： 盐、糖、老抽、白醋、辣椒油、料酒、水淀粉、姜片、葱段、泡椒、豆瓣酱、青椒、红辣椒、蒜苗、食用油各适量。

制作方法

1. 草鱼宰杀后去鳞、鳃及内脏洗净，取肉切段，加盐、糖、料酒、水淀粉腌制；泡椒、豆瓣酱均剁碎；青椒、红椒均洗净，切片；蒜苗洗净，切段。
2. 平底锅入食用油烧热，放入腌好的鱼块以中火慢煎至两面均呈金黄色时盛出。
3. 再热油锅，入姜片、葱段爆香后捞除，再入泡椒、豆瓣酱炒香，注入适量清水烧开。
4. 放入鱼块，调入盐、老抽、白醋、辣椒油，以中火煮至水分稍干时，加入青椒、红椒、蒜苗稍煮后，起锅盛入盘中即可。

【营养功效】 草鱼含有丰富的硒元素，经常食用有抗衰老、养颜的功效。

小贴士

草鱼要新鲜，煮时火候不能太大，以免把鱼肉煮散。

宫保虾仁

主料：大虾500克。

辅料：鸡蛋1个、盐、胡椒、料酒、酱油、糖、花椒、干辣椒、腰果、葱段、姜片、醋、食用油、淀粉、红油各适量。

制作方法

1.将大虾肉剖两刀或夹刀片，沥干水分，加盐、胡椒、料酒、蛋清糊、少许酱油拌匀，投入温油中滑熟。用盐、水淀粉、料酒、糖、酱油、汤放碗中调成汁。

2.另起锅下食用油烧热，将花椒、干辣椒炸成褐红色，接着下葱段、姜片及碗中的汁，倒入虾球翻炒几下，淋少许醋和红油，放入炸熟的腰果拌匀即可。

【营养功效】花椒味辛性热，有温中散寒、杀虫解毒的功效，主治呕吐齿痛、风寒湿痹等。

小贴士

炒辣味材料时，厨房空气要流通，以免受刺激导致喉干或流眼泪。

宫保鱿鱼

主料：鱿鱼卷400克。

辅料：花生仁、花椒、干辣椒、糖、食用油、醋、盐、味精各适量。

制作方法

1.汤锅上火将鱿鱼卷略焯。

2.炒锅上火，放食用油烧热，加花椒、干辣椒略炸后，放入鱿鱼卷、糖、醋、盐、味精，加花生仁翻炒即可。

【营养功效】鱿鱼富含蛋白质、钙、磷、铁等，并含有丰富的硒、碘、锰、铜等微量元素，有滋阴养胃、补虚润肤等功效。

小贴士

新鲜鱿鱼不经煮，越煮越老，所以烫和炒的时候动作要快，不要在锅内停留过久。

椒香乌鱼块

主料：乌鱼1条，青椒、红椒各100克。

辅料：葱段、姜末、蒜蓉、鸡蛋清、豆瓣酱、食用油、盐、味精、料酒、生抽、水淀粉各适量。

制作方法

1.将乌鱼杀好洗净，剁成块状，加入鸡蛋清、盐、淀粉拌匀；青椒、红椒切成片。

2.炒锅下食用油烧至六成热，放入乌鱼块炸至金黄色，捞起。

3.将锅去油，利用锅内余油，下姜末、蒜蓉、豆瓣酱爆香，加入鱼块、青椒片、红椒片、葱段、适量水，放味精、料酒、生抽调好味，焖至少汁时，用水淀粉勾芡即可。

【营养功效】乌鱼富含蛋白质，还含有磷、铁、硫胺素、核黄素、钙、尼克酸等，具有补脾、利水、清热等功效。

小贴士

鱼的表皮有一层黏液非常滑，切起来不容易，可将鱼放入盐水中浸泡一会儿，切起来就不会打滑了。

泡 菜 鱼

主料: 鲫鱼750克,泡青菜50克。

辅料: 鲜汤150毫升,泡椒15克,醪糟汁、香油、料酒、酱油、红酱油、水淀粉、姜片、蒜蓉、葱、醋、盐、食用油各适量。

制作方法

1. 将鲫鱼剖开去内脏,洗净,鱼身两面各划4刀。泡青菜挤干盐水,切成长1.2厘米的短节细丝。泡椒剁碎。葱切成葱花。
2. 烧热锅,下食用油烧至八成热,将鱼身抹上料酒,入锅内炸2分钟,炸时翻面,至鱼身出现裂纹时,去油滤干。
3. 锅内留适量油,放入泡椒、姜片、蒜蓉、部分葱花、醪糟汁等炒出香味。
4. 依次放入料酒、酱油、红酱油、鲜汤等,将汤汁搅匀淹至鱼身,改用中火煮沸,放泡青菜丝翻面,烧约10分钟,待鱼入味后装碟,再放醋、盐、葱花于锅内搅匀,随即下水淀粉勾芡,淋于鱼身上即可。

【营养功效】鲫鱼所含的蛋白质质优、齐全、易于消化吸收,是肝肾疾病,心脑血管疾病患者的良好蛋白质来源。

小贴士
感冒发热期间不宜多吃鲫鱼。

凉 粉 鲫 鱼

主料: 鲫鱼250克,白凉粉250克。

辅料: 猪网油200克,料酒、红油各15毫升,花椒、芹菜、辣椒油、味精、香菜、盐、豆豉、姜片、蒜蓉、芽菜末、葱花、花椒油、香油各适量。

制作方法

1. 鲫鱼剖开去内脏洗净,两面各剞3刀,抹上料酒、盐,用猪网油包好放入碗中,加葱花、姜片、花椒上笼蒸15分钟至熟。
2. 把芽菜、芹菜切粒,大蒜、豆豉捣碎,一同盛入碗中,将辣椒油、花椒油、味精、香油兑成味汁。
3. 白凉粉切成3厘米见方的丁,同清水一起下锅煮沸,捞出滤干,倒入味汁内调匀。
4. 将蒸好的鱼取出,揭去猪网油,摆入盘中,把拌好的凉粉连同味汁倒在鱼上,撒上香菜即可。

【营养功效】鲫鱼有健脾利湿、和中开胃、活血通络、温中下气之功效。

小贴士
鲫鱼尤其适宜产后乳汁缺少的妈妈食用。

豆豉鱼

主料：鲫鱼750克，猪肉50克，豆豉60克。

辅料：料酒、酱油、盐、香油、鲜汤、食用油各适量。

制作方法

1.将鲫鱼去鳞、鳃、内脏，洗净，然后下油锅略炸一下捞起沥油待用。

2.猪肉与豆豉均剁为末；炒锅内下食用油烧热，放入肉末、豆豉末炒散，加入料酒、盐、酱油、鲜汤烧干，撇去浮沫，放入炸好的鲫鱼，烧10分钟，改用小火焖烧至汁浓鱼熟时起锅，晾凉待用。

3.将晾凉的鱼，改刀切成瓦块形装盘，淋上香油即可。

【营养功效】此菜可健脾、开胃、益气、利水、通乳、除湿。

小贴士
收汁时，汤汁的多少要掌握适度，以免糊锅。

酸菜鱼

主料：草鱼约600克，酸菜200克。

辅料：食用油、盐、味精、胡椒粉、料酒、泡椒、花椒、姜片、蒜瓣各适量。

制作方法

1.将鱼肉斜刀片成连刀鱼片，加入盐、料酒、味精拌匀，酸菜洗后切段。

2.将炒锅置火上，放食用油烧热，下入花椒、泡椒、姜片、蒜瓣炸出香味后，倒入酸菜煸炒出味，加水煮沸，下鱼头、鱼骨，用大火熬煮，撇去浮沫，滴入料酒去腥，再加入盐、胡椒粉。

3.将锅内汤汁熬出味后，把鱼片抖散入锅，待鱼片断生至熟，加入味精，倒入汤盆中即可。

【营养功效】草鱼含有丰富的不饱和脂肪酸，对血液循环有利。

小贴士
煮鱼一定要用冷汤、冷水，这样鱼才没有腥味，汤色才会发白。

剁椒蒸鱼头

主料：大鱼头1个。

辅料：剁椒30克，尖椒1个、姜、蒜、葱、盐、味精、料酒、食用油各适量。

制作方法

1.鱼头洗净，中间相连的剖开；尖椒、姜分别切粒；蒜切片；葱切花。

2.鱼头摆入碟中，将剁椒、尖椒粒、姜粒、蒜片、盐、味精、料酒、食用油一起拌匀，铺在鱼头上面。

3.将鱼头放入蒸笼内，用大火蒸约10分钟，取出撒上葱花即可。

【营养功效】尖椒含蛋白质、脂肪油、糖类、胡萝卜素、维生素C、钙、磷、铁、镁、钾等，有开胃的功效。

小贴士
蒸制时间依鱼头大小灵活调整，以蒸至鱼眼突出为佳。

主料：乌贼200克，河虾80克。

辅料：芥蓝100克，干辣椒粉、姜、食用油、盐、味精、蚝油、料酒、水淀粉、香油各适量。

制作方法

1.乌贼洗净切刀花；河虾去掉虾枪洗净；姜去皮切小片；芥蓝洗净切成片。

2.锅中倒入食用油烧热，放入乌贼卷、河虾，炸至八成熟倒出。

3.锅内留底油，放入姜片、芥蓝、干辣椒粉煸炒片刻，投入乌贼卷、河虾，加料酒、盐、味精、蚝油，用大火炒至入味，然后用水淀粉勾芡，淋入香油即可。

【营养功效】此菜含丰富的蛋白质等营养成分，具有除邪热、解劳乏、清心明目的功效。

小贴士

乌贼体内含有许多墨汁，不易洗净，可先撕去表皮，拉掉灰骨，将乌贼放在装有水的盆中，在水中拉出内脏，再在水中挖掉乌贼的眼珠，使其流尽墨汁，然后多换几次清水将内外洗净即可。

鲜虾烧乌贼

主料：泥鳅300克。

辅料：甘薯150克，糯米粉100克，姜末、蒜蓉、香菜、盐、豆瓣酱、甜面酱、料酒、味精、食用油各适量。

制作方法

1.甘薯洗净去皮，切成条，加盐、味精、糯米粉拌匀；豆瓣酱剁碎；香菜去根洗净。

2.泥鳅鱼片洗净入盘，加糯米粉、姜末、蒜蓉、盐、豆瓣酱、甜面酱、料酒拌匀。

3.将拌好的泥鳅入蒸碗内，上面再放拌好的甘薯，上笼蒸，蒸熟透后翻扣于大盘中，浇上热油，撒上香菜即可。

【营养功效】泥鳅肌肉含天冬氨酸转氨酶、蛋白酶、磷酸葡萄糖变位酶、乳酸脱氢酶等多种，对脑部发育、骨骼发育等有益。

小贴士

蒸制时应大火一气蒸熟，中途不能散火，以防肉质不够软。

粉蒸泥鳅

主料：鳝鱼500克。

辅料：泡椒、姜、大蒜、醋、葱段、酱油、盐、味精、肉汤、料酒、食用油各适量。

制作方法

1.鳝鱼宰杀后洗净，切成段；泡椒、姜剁碎成末备用；蒜切片。

2.锅内放食用油烧至七成热，放入鳝段煸干水分，加泡椒末、姜末、蒜片，炒出香味，烹料酒炒匀，加酱油、盐、肉汤，待煮沸后改小火将鳝鱼煮软。

3.待锅内汤汁基本烧干时，加味精、葱段、醋，将汁收干，起锅晾凉即可。

【营养功效】鳝鱼含丰富的维生素A，能增进视力，促进皮膜新陈代谢。

小贴士

鳝鱼特含降低血糖和调节血糖的"鳝鱼素"，且所含脂肪极少是糖尿病患者的理想食品

泡椒鳝鱼

泡椒童子鱼

主料：鲢鱼600克，魔芋250克，酸菜50克。

辅料：食用油、豆瓣酱、姜丝、泡椒、盐、胡椒粉、鸡精、味精、鲜汤各适量。

制作方法

1.鲢鱼宰杀洗净；魔芋切成小"一"字条；酸菜切丝。

2.锅内放食用油烧至五成热，放豆瓣酱、酸菜、姜丝、泡椒大火炒香。

3.炒香后下鲜汤，加入魔芋条，加盐、胡椒粉、鸡精、味精，最后放鲢鱼大火烧2分钟至鱼断生即可。

【营养功效】鲢鱼含蛋白质、脂肪、钙、磷、铁、维生素B_1，还含有鱼肉中所缺乏的卵磷脂。

小贴士

幼鱼身量较小，取内脏时注意不要将鱼弄碎，煮的时间也不要太长，断生即可。

豆瓣酱鲫鱼

主料：鲫鱼600克。

辅料：蒜末、葱花、姜末、酱油、糖、醋、料酒、水淀粉、盐、豆瓣酱、肉汤、食用油各适量。

制作方法

1.将鱼宰杀洗净，在鱼身两面各刳两刀（深度接近鱼骨），抹上料酒、盐稍腌。

2.炒锅上大火，下食用油烧至七成热，下鱼稍炸捞起；锅内留底油，放豆瓣酱、姜末、蒜末炒至油呈红色，放鱼、肉汤，移至小火上，再加酱油、盐，将鱼烧熟，盛入盘中。

3.原锅置大火上，用水淀粉勾芡，淋醋，撒葱花，浇在鱼身上即可。

【营养功效】此菜健脾、开胃、益气、利水、通乳、除湿。

小贴士

烹制时卤汁要浓厚，使鱼粘匀卤汁而入味。

麻辣香水鱼

主料：草鱼1000克。

辅料：南豆腐150克，蘑菇100克，水发木耳20克，花椒10克，干辣椒15克，大葱15克，泡椒25克，豆瓣酱、酱油、食用油、姜、蒜、料酒、盐、淀粉、骨头汤、香油各适量。

制作方法

1.鱼斩成瓦块，加料酒、淀粉拌匀；豆腐、蘑菇、木耳铺于沙锅中打底；葱切段，姜、蒜切片。

2.炒锅内放食用油，烧至六成热，下花椒、干辣椒略炸；而后下豆瓣酱，待豆瓣酱呈金黄色时，烹入葱、姜、蒜和泡椒炒出香味。

3.加入骨头汤，并移入沙锅内，加盐，待汤煮沸后，滑入鱼块；再次煮沸后，撇去浮沫，略煮，滴少许香油上桌。

【营养功效】牛肉中的肌氨酸含量很高，这使它对增长肌肉、增强力量特别有效。

小贴士

这道菜是半汤菜，汤要刚好淹没鱼块。

干 烧 鱼

主料: 鲤鱼500克。

辅料: 细面条250克,甜酒酿75毫升,葱末50克,姜末15克,豆瓣酱15克,料酒15毫升,醋、泡椒末、酱油、盐、糖、味精、水淀粉、食用油各适量。

制作方法

1.鲤鱼去鳞、鳃,剖腹挖去内脏,取出鱼子与鱼一起洗干净,抹干水,将鱼子塞入鱼肚内,两面鱼背肉锲一字刀纹,鱼身抹匀酱油。面条投入沸水锅里煮熟捞出,过凉水,分放10只碟里。

2.锅放中火上,放食用油烧热,将碟内面条扣入热油里两面煎黄,沥油。

3.锅放大火上烧热,用油润滑锅壁后,再放油100毫升,下泡椒末、豆瓣酱炒出红油,再下甜酒酿、葱末、姜末炒散后盛出约四分之三备用。

4.鱼回锅加料酒、酱油、盐、糖、清水煮沸,上盖改中小火烧熟;将备用调料回锅加味精用大火收汁,淋入水淀粉调黏卤汁,端锅将鱼翻身后,将调味汁用勺舀上鱼身,滴入醋倒入鱼里里,将煎面条放在鱼身两边。

【营养功效】鲤鱼的蛋白质含量高,有补脾健胃、利水消肿、通乳、清热解毒等功效。

小贴士
鲤鱼与咸菜相克,同食可引起消化道癌肿。

酸辣鸭掌鱼泡

主料: 去骨鸭掌12个,鲜鱼泡150克。

辅料: 小米辣椒25克,鲜红辣椒10克,蒜苗10克,香菇25克,食用油、盐、味精、鸡精、料酒、酱油、陈醋、蚝油、姜、香油各适量。

制作方法

1.将鲜鱼泡洗净,切破,沥干水分,用盐、料酒码味;鸭掌入清水中漂尽碱味,用盐、料酒码味待用。

2.小米辣椒、鲜红辣椒、蒜苗、香菇均切米粒状;姜切末。

3.净锅置大火上,下入油,烧至六成热时,下入码味的鸭掌、鱼泡过油断生,倒入漏勺沥干油。

4.锅内留底油,下入小米辣椒、鲜红辣椒、蒜苗和姜末炒香,倒入鸭掌、鱼泡,加盐、味精、鸡精、酱油、料酒、蚝油调好味,翻炒均匀,烹入陈醋,勾芡,淋香油,再将鸭掌呈圆形摆于碟四周,中间摆上鱼泡即可。

【营养功效】此菜富含胶原蛋白,对皮肤有很好的抗皱、抗衰老的作用。

小贴士
注过水的鸭,翅膀下一般有红针点或乌黑色,其皮层有打滑的现象,肉质也特别有弹性,用手轻轻拍一下,会发出"噗噗"的声音。

椒麻浸鲈鱼

主料：鲈鱼1000克。

辅料：汤、花椒、香油、小葱、味精、盐、淀粉、食用油各适量。

制作方法

1.将鲈鱼宰杀后，从肚子里下刀将背脊宰段，码上底味，摆放在鱼盘内；葱洗净切末待用。
2.将鲈鱼置蒸锅上用大火蒸熟后取出待用。
3.锅内放少许食用油，下葱末炒香，加汤、花椒、香油、味精、盐，煮沸后用水淀粉勾芡，淋在鱼身及四周即可。

【营养功效】鲈鱼富含蛋白质、维生素A、B族维生素、钙、镁、锌、硒等营养元素，还有较多的铜元素，对肝肾功能不足的人有很好的补益作用。

小贴士

花椒油制作方法：锅内加适量食用油烧热，放入花椒适量，炸出香味，捞出花椒即可。

泡椒大鱼泡

主料：鱼泡250克。

辅料：盐、生抽、红辣椒、泡椒、料酒、姜、蒜、葱各适量。

制作方法

1.鱼泡洗净捅破，用料酒、生抽腌制20分钟。
2.泡椒洗净，切两段，姜、蒜、葱切成末，红辣椒切圈。
3.锅里加适量食用油，下姜末、蒜末、葱末、红辣椒圈煸香，加泡椒，翻炒，加鱼泡、盐、生抽、料酒，用大火翻炒至熟即可。

【营养功效】鱼泡是一种富有黏性的物质，含有极丰富的蛋白质、维生素、矿物质等营养成分，有补肾益精等功效。

小贴士

鱼泡下锅后务必用大火速炒，否则会影响鱼泡的口感。

清蒸花鲢鱼头

主料：花鲢鱼头800克。

辅料：姜20克，大葱15克，料酒25毫升，胡椒粉、盐、酱油、糖、醋、淀粉、食用油各适量。

制作方法

1.将花鲢鱼头清洗干净，斩成块；姜大部分切丝，少许切末；葱切丝。
2.花鲢鱼头内加姜末、料酒、胡椒粉、糖、酱油、醋、盐、淀粉拌匀。
3.将拌好的花鲢鱼头放入盘中，加姜丝、葱丝上笼蒸熟，熟透后取出，拣去姜丝、葱丝，淋上热油即可。

【营养功效】花鲢鱼头富含蛋白质、脂肪、钙、磷、铁、硫胺素、核黄素、烟酸等营养物质，有益智补脑等作用。

小贴士

拌干淀粉的目的是使味附着力加强和使鱼头滋润，但不宜多，薄薄的一层即可。

主料： 鲢鱼500克。

辅料： 豆瓣酱40克，青蒜段、酱油、料酒、水淀粉、葱花、蒜片、姜片、醋、味精、食用油各适量。

制作方法

1. 鲢鱼去鳞、鳃，开膛去内脏洗净，再在鱼身两侧切上几个斜刀口，深度至骨。
2. 把鱼下入七八成热的油锅内，炸至皮微硬，呈浅黄色时，捞出，倒去油。
3. 原锅内加入食用油和豆瓣酱，煸炒至油色变红，再加入姜片、蒜片、葱花，翻炒片刻加入750毫升清水、酱油、料酒、醋、味精及炸好的鱼，用大火煮沸后，转小火烧至鱼熟透即可。

【营养功效】鲢鱼含蛋白质、脂肪、糖类、钙、磷、铁、维生素B_1、维生素B_2、维生素P等，营养丰富，对青少年成长有益。

小贴士
　　鲢鱼一定要买新鲜活泼的，这样烹饪出来的味道才鲜美。

主料： 草虾400克。

辅料： 盐、葱、姜各适量。

制作方法

1. 草虾剪去须根，洗净，用牙签挑去肠泥。
2. 葱和姜均洗净，葱切段，姜切块。
3. 锅中加适量水煮沸，放入草虾、葱段、姜块、盐，煮至虾色变红，捞起装盘即可。

【营养功效】虾肉含有丰富的蛋白质、脂肪、钙、磷、铁、维生素A，还含有维生素B_1、维生素B_2、维生素E、尼克酸等。虾皮的营养价值更高，其中钙的含量为各种动植物食品之冠。

小贴士
　　虾在烹饪前、腌制时或在制作过程中，加入少许柠檬汁，可去除腥味，使味道更鲜美。

主料： 大黄鱼1000克。

辅料： 鸡蛋、面粉各100克，盐5克，椒盐15克，料酒15毫升，葱末10克，姜末15克，食用油80毫升。

制作方法

1. 大黄鱼片取净肉，切成条放入碗里，下盐、料酒、葱末、姜末腌制30分钟。
2. 鸡蛋、面粉搅成蛋面糊，再加熟油搅匀。
3. 锅内下食用油烧热，将腌制过的鱼条逐个挂蛋面糊后下锅炸至金黄色捞起，再用冷油淋一下，装盘，与一小碟椒盐一起上桌即可。

【营养功效】面粉富含蛋白质、碳水化合物、维生素和各种矿物质，具有消烦止渴、养心益肾、健脾开胃的功效。

小贴士
　　做蛋面糊时，要加入溶化的熟油，才能使糊面光滑。

豆瓣酱鲢鱼

盐水虾

椒盐鱼条

朝天椒豆豉蒸鱼

主料：罗非鱼500克，朝天椒10克，豆豉20克。

辅料：香菜、葱、姜、酱油、料酒、蒸鱼豉油、盐各适量。

制作方法

1. 将盐涂于罗非鱼表面，抹上料酒腌制30分钟；葱姜切丝；豆豉略炒，出锅捏碎待用；朝天椒切碎，拌入豆豉，倒入酱油，调好的汁待用。
2. 把鱼上下铺上葱姜丝，淋入少许蒸鱼豉油上锅蒸10分钟后，倒掉汤汁。
3. 调好的汁倒在鱼上，再蒸10分钟关火，关火后放入香菜焖上2分钟。
4. 最后将姜丝、葱丝撒在鱼身上，淋上热油即可。

【营养功效】此菜含有丰富的硒元素，丰富的不饱和脂肪酸，对血液循环有利。

小贴士

豉油要多放一些。另外，盘子里汤汁要倒掉，这是蒸鱼的诀窍，因为汤很腥，影响味道。

大蒜焖鲇鱼

主料：鲇鱼500克。

辅料：炸大蒜、猪肉丝各50克，葱丝20克，香菇丝10克，淀粉30克，汤600毫升，老抽、料酒、食用油、胡椒粉、盐、味精、糖、香油、蒜末、姜丝各适量。

制作方法

1. 将鲇鱼宰杀洗净，片取鱼肉，切块，用盐水涂抹，随即蘸上淀粉。
2. 锅下食用油烧热，将鱼逐块放入，约炸5分钟至金黄色，捞出沥油。
3. 炒锅回放火上，下蒜末、姜丝、猪肉丝、香菇丝爆透，加料酒、汤、鱼块、炸大蒜、盐、味精、老抽、糖，约焖10分钟。
4. 撒上胡椒粉，用水淀粉稀稀勾芡，淋香油拌匀，撒上葱丝即可。

【营养功效】鲇鱼含有丰富的蛋白质和矿物质等营养元素，有强精壮骨、延年益寿之效。

小贴士

鲇鱼肉细嫩，焖10分钟即热，滑嫩鲜美。

番茄烧鲫鱼

主料：鲫鱼500克，番茄150克。

辅料：葱、姜各少许，食用油、盐、胡椒粉、味精各适量。

制作方法

1. 将鲫鱼去内脏、鳞，洗净；葱切丝；姜切末；番茄切小件。
2. 锅内放食用油烧热，鲫鱼下锅炸至微黄，加入姜末、盐、胡椒粉及水，稍焖片刻。
3. 投入番茄再焖烧10分钟，加味精、葱丝即可。

【营养功效】鲫鱼性温，味甘，含丰富蛋白质，而脂肪、碳水化合物含量少，具有益气健脾、利水消肿、清热解毒、通脏下乳、理气散结、升清降浊之功效。

小贴士

炸鱼时，切记不可炸得太老。

主料：黄鱼600克。

辅料：鸡蛋2个，料酒50毫升，醋15毫升，香油10毫升，葱花、蒜片、姜末、大葱、面粉、生抽、盐、味精、汤、食用油各适量。

制作方法

1.将鱼去杂洗净，塞入大葱，打上斜刀，加料酒、盐、味精、葱花、姜末、香油，腌入味，蘸匀鱼身；鸡蛋打散，搅成蛋液待用。
2.将鱼挂满蛋液，入油锅煎至金黄色，再次加食用油，用小火浸透，沥去余油。
3.原锅加料酒、盐、味精、葱花、姜末、蒜片、生抽、醋、汤烧至熟透，把鱼捞到盘里，淋香油，倒上汁即可。

【营养功效】香油有防治动脉硬化和抗衰老的作用。

小贴士

黄鱼不能与中药荆芥同食。

干烧黄鱼

主料：黄鱼600克。

辅料：瘦肉30克，冬菇20克，红辣椒1个，水淀粉、姜末、葱花、食用油、生抽、糖、胡椒粉、盐、味精、料酒各适量。

制作方法

1.将黄鱼宰杀，洗净；瘦肉切成丝；冬菇泡透后切成丝；红辣椒切成丝。
2.热锅下食用油，放入黄鱼煎至两面颜色焦黄。
3.烹入料酒，加入冬菇丝、水、生抽、糖、盐、味精、红辣椒丝、姜末、葱花，用小火焖至汁浓时，将鱼装盘，用余汁加水淀粉勾芡，淋在鱼身上即可。

【营养功效】黄鱼与苔菜搭配食用，能为人体提供较高的营养成分，有润肺健脾、补气活血、清热解毒之功效，对产后体弱虚损、腰肌劳损有一定作用。

小贴士

急慢性皮肤病患者忌食黄鱼。

煎封黄鱼

主料：黄鱼600克，雪里蕻150克，豆腐200克。

辅料：鸡汤1000毫升，葱、味精、盐、姜、食用油各适量。

制作方法

1.将黄鱼洗净后两面剞柳叶刀；葱切小段；雪里蕻切段用水稍焯；姜切丝；豆腐切块。
2.锅内放食用油烧热，将黄鱼炸至金黄色捞出。
3.另起锅放鸡汤、姜丝、味精、盐、葱段、豆腐块、黄鱼、雪里蕻段，煮沸，焖约15分钟即可。

【营养功效】黄鱼营养丰富，富含碘、钙、铁、磷等，具有甘温开胃、补气填精的功效。

小贴士

烧黄鱼时，揭去头皮，就可除去异味。

雪菜黄鱼

清蒸醉虾

主料：鲜虾500克。

辅料：葱50克，料酒、酱油、味精、香油各适量。

制作方法

1. 将鲜虾剪去须与脚，用清水洗净、沥干；葱切长丝。
2. 将鲜虾放入碗中，加料酒浸10分钟左右，放入电饭锅蒸10分钟。
3. 用酱油、味精和香油调成蘸汁，吃时边剥边蘸着调料吃。

【营养功效】此菜可保护心血管系统，防止动脉硬化、扩张冠状动脉。

小贴士

用来醉虾的料酒可以倒入蒸锅的水中，这样蒸气中也带有酒味。虾要趁热吃味道才鲜美。

健胃开边虾

主料：基围虾500克。

辅料：豆豉、酱辣椒、水发粉丝、盐、蚝油、食用油、葱花各适量。

制作方法

1. 基围虾剪去部分须爪后，用刀从头往尾部片开，并保持尾部不断开。
2. 水发粉丝垫在大盘中，把片开的虾掰开后整齐地摆放在粉丝上。
3. 起锅下食用油烧热，下入盐、蚝油、豆豉、酱辣椒，炒制开胃汁，然后淋在虾肉上。
4. 将虾盘放入电饭锅蒸熟，撒入葱花即可。

【营养功效】基围虾的维生素A、胡萝卜素和无机盐含量比较高，具有补肾壮阳、通乳抗毒、养血固精、化淤解毒、益气滋阳、通络止痛、开胃化痰等功效。

小贴士

掌握好蒸制时间，5分钟之内即可。

川汁大花虾

主料：大花虾300克。

辅料：醋8毫升，酱油10毫升，糖12克，食用油、盐、味精、料酒、水淀粉各适量。

制作方法

1. 大花虾治净，用热水氽一下备用。
2. 锅内放食用油烧热，放入大花虾炒至熟，捞出盛盘。
3. 油锅中放入糖、盐、醋、酱油、料酒炒至汤汁收浓时，加入味精调味，水淀粉勾芡，浇在虾身上即可。

【营养功效】虾中含有丰富的镁，可减少血液中胆固醇含量，防止动脉硬化。

小贴士

大花虾最常见的做法是用来刺身，因为个头比基围虾、九节虾大许多，肉质鲜爽出色，所以价格不菲。

主料：大闸蟹2只。

辅料：醋、老抽、料酒、食用油、盐、味精、川椒、大蒜、蒜苗各适量。

制作方法

1.蟹洗净，用热水汆过后，晾干备用；蒜苗洗净，切段；川椒、大蒜洗净。

2.炒锅置火上，注食用油烧热，下料酒，放入蟹稍炒后加川椒、盐、醋、老抽、大蒜翻炒。

3.再加入蒜苗稍炒，加入味精调味，起锅装盘即可。

【营养功效】蟹含有丰富的蛋白质和多种微量元素等，对身体有很好的滋补作用。

小贴士

蟹不能与柿子、茶水同食，因为柿子、茶水中所含的鞣酸跟大闸蟹的蛋白质相遇后，会凝固成不易消化的块状物，人会出现腹痛、呕吐等症状。

川椒霸王蟹

主料：螃蟹500克。

辅料：酱油、料酒、食用油、盐、味精、醋、姜、香菜各适量。

制作方法

1.螃蟹洗净；香菜洗净；姜洗净，切末。

2.锅中放食用油烧热，下姜末炒香，放入螃蟹稍炒后，注入适量清水焖煮。

3.再倒入酱油、醋、料酒煮至熟后，加入盐、味精调味，撒上香菜即可。

【营养功效】蟹中含有较多的维生素A，对皮肤的角化有帮助；对儿童的佝偻病和老年人的骨质疏松也能起到补充钙质的作用。

小贴士

螃蟹性成寒，又是食腐动物，吃时必须蘸姜末、醋汁来祛寒杀菌，不宜单食。

蜀南香辣蟹

主料：田螺600克。

辅料：辣椒粉20克，酱油、食用油、盐、味精、醋、香菜各适量。

制作方法

1.田螺洗净；香菜洗净，切段。

2.锅置火上，注食用油烧热，放入田螺翻炒，再放入辣椒粉、酱油、醋一起炒匀。

3.炒2分钟后，加入适量清水煮至汁浓稠时，加入盐、味精调味，起锅装盘，撒上香菜即可。

【营养功效】田螺肉含有丰富的维生素A、蛋白质、铁和钙，对目赤、黄疸、脚气、痔疮等疾病有一定的食疗作用。

小贴士

吃田螺肉时不宜饮用冰水，否则会导致腹泻。

香辣福寿螺

麻辣香锅

主料：虾100克，藕300克。

辅料：芹菜20克，豆瓣酱15克，料酒15毫升，干辣椒50克，盐、香菜、食用油各适量。

制作方法

1. 虾洗净；藕洗净，切片；干辣椒、芹菜洗净，切段。
2. 热锅下食用油，放入虾稍炸，捞出沥油备用。
3. 锅底留油，放豆瓣酱、干辣椒炒香，放藕片炒至七成熟，再放入芹菜、虾，烹入料酒、盐翻炒至熟，出锅盛入干锅，撒上香菜即可。

【营养功效】藕含有淀粉、蛋白质、天门冬素、维生素C以及氧化酶成分，含糖量也很高，有益胃健脾、养血补益等功效。

小贴士

平时食用藕时，人们往往除去藕节不用，其实藕节是一味著名的止血良药，其味甘、涩，性平，含丰富的鞣质、天门冬素，专治各种出血，如吐血、咳血、尿血、便血、子宫出血等症。

川西泼辣鱼

主料：鱼1条。

辅料：萝卜100克，熟花生仁、黄豆各20克，红尖椒10克，芹菜、盐、花椒、姜末、葱花、蒜蓉、料酒、醋、红油、食用油各适量。

制作方法

1. 鱼治净；萝卜洗净，切片。
2. 锅下食用油烧热，下姜末、蒜蓉、花椒爆香，放入鱼炸至表皮起皱，注入凉水，放萝卜片、黄豆、花生仁、红尖椒，调入盐、料酒、醋、红油煮熟，撒上葱花、芹菜即可。

【营养功效】萝卜含有木质素，能提高巨噬细胞的活力。

小贴士

鱼背上切花刀，烹饪时更容易入味。

渝香鱼米粒

主料：鱼肉200克。

辅料：洋葱40克，玉米粒50克，盐、味精、料酒、鸡蛋清、水淀粉、花椒粒、青椒、红椒、食用油各适量。

制作方法

1. 鱼肉洗净，切粒，加盐、料酒、鸡蛋清、水淀粉腌制上浆；青椒、红椒、洋葱均洗净，切片；玉米粒洗净。
2. 油锅烧热，入鱼肉炸至金黄色，盛出。再热油锅，入花椒粒、洋葱片、青椒片、红椒片、玉米粒炒香，调入盐、味精炒匀，放入鱼肉粒同炒至熟，起锅装盘即可。

【营养功效】玉米含有的维生素E，有促进细胞分裂、延缓衰老、降低血清胆固醇、防止皮肤病变的功效，还能减轻动脉硬化和脑功效衰退。

小贴士

用小火炸鱼粒，口感会更好。

主料：鱼600克。

辅料：泡椒100克，酱油10毫升，醋12毫升，盐、味精、大蒜、葱、干辣椒各适量。

制作方法

1.鱼治净，剁成段；泡椒洗净；大蒜洗净，炸熟；葱洗净，切末；干辣椒洗净，切段。
2.锅中注水，放入鱼煮至汤沸，再放入泡椒、大蒜、干辣椒段一起焖煮。
3.煮至鱼肉断生，调入盐、味精、酱油、醋入味，起锅装碗，撒上葱末即可。

【营养功效】泡椒中的辣椒素能加速脂肪分解，丰富的膳食纤维也有一定的降血脂作用。

小贴士

有发热、便秘、鼻血、口干舌燥、咽喉肿痛等热症者，吃辣会加重症状。

蜀东雪旺鱼

主料：鱼肉300克。

辅料：菜心、豌豆、胡萝卜、盐、水淀粉、料酒、干淀粉、食用油各适量。

制作方法

1.菜心洗净，焯水后捞出装盘；豌豆洗净；胡萝卜洗净后切丁；鱼肉洗净切片，用盐、料酒腌制入味。
2.将腌好的鱼片裹上水淀粉，入油锅炸熟，捞出盛于菜心上。
3.余油烧热，下豌豆、胡萝卜丁炒熟，以淀粉勾芡，浇在鱼片上即可。

【营养功效】胡萝卜富含维生素，可刺激皮肤的新陈代谢，促进血液循环，从而使皮肤细嫩光滑，肤色红润，对美容健肤有独到的作用。

小贴士

烹调胡萝卜时，不要加醋，以免胡萝卜素损失。另外不要过量食用，大量摄入胡萝卜素会令皮肤的色素产生变化，变成橙黄色。

蜀香鱼片

主料：酸菜、粉丝各200克，草鱼400克。

辅料：红辣椒10克，食用油、盐、醋、葱段、蒜末各适量。

制作方法

1.草鱼治净，切成块；酸菜洗净切段；粉丝泡软后沥干；红辣椒洗净去蒂、去籽，切圈。
2.锅中加食用油烧热，下入酸菜和红辣椒炒香，再加入适量水煮沸，下鱼块、粉丝煮熟。
3.加盐、醋和葱段再次煮沸，最后放上蒜末即可。

【营养功效】草鱼含有丰富的硒元素，经常食用有抗衰老、养颜的功效。

小贴士

草鱼要新鲜，煮时火候不能太大，以免把鱼肉煮散。

蜀香酸菜鱼

香辣带鱼

主料： 带鱼400克。

辅料： 辣椒粉10克，料酒、老抽各5毫升，食用油、盐、鸡精、淀粉、姜、干辣椒各适量。

制作方法

1. 带鱼洗净切段，打花刀，加盐、料酒腌制，加淀粉裹匀；姜洗净，切丝；干辣椒切小段。
2. 热锅下食用油，将带鱼煎至两面呈金黄色，捞出备用。
3. 锅底留油，下入带鱼翻炒，加辣椒粉、盐、鸡精、干辣椒段、姜丝和老抽炒匀，起锅装盘。

【营养功效】带鱼的脂肪含量高于一般鱼类，且多为不饱和脂肪酸，这种脂肪酸具有降低胆固醇的作用。

小贴士

带鱼腥气较重，宜红烧，糖醋。

大妈带鱼

主料： 带鱼350克。

辅料： 干辣椒50克，酱油、料酒各15毫升，姜片、糖、淀粉各15克，辣椒粉25克，食用油、盐、味精各适量。

制作方法

1. 带鱼治净，取鱼肉，切段，用盐、酱油、料酒、姜片、辣椒粉腌制半个小时，用水淀粉挂糊；干辣椒洗净。
2. 油锅烧热，下入干辣椒爆香，放入带鱼，大火炸至表面呈金黄色，放入盐、味精、酱油、糖调味，盛盘即可。

【营养功效】带鱼性温、味甘、咸，有补脾、益气、暖胃、养肝、泽肤等功效。

小贴士

鲜带鱼与木瓜同食，对产后少乳、外伤出血等症具有一定疗效。

美极牛蛙

主料： 牛蛙500克。

辅料： 盐4克，干辣椒10克，花椒5克，料酒5克，淀粉4克，高汤、香菜、食用油各适量。

制作方法

1. 牛蛙治净，切成小块，再加盐、料酒、淀粉腌入味；干辣椒、香菜洗净，切成段。
2. 锅中加食用油烧热，下入牛蛙滑炒至发白，七成熟时，捞出沥油。
3. 原锅再加食用油烧热，下入干辣椒、花椒爆香，再倒入高汤烧沸，然后下入牛蛙，煮约8分钟，至熟，出锅撒上香菜即可。

【营养功效】牛蛙有滋补解毒和治疗某些疾病的功效。

小贴士

胃弱或胃酸过多的患者最宜吃蛙肉，但不宜食用野生蛙。

主料：鳝鱼400克。

辅料：青椒40克，红椒20克，西芹30克，食用油、盐、鸡精各适量。

制作方法

1.鳝鱼治净，切段，氽水，捞起待用；西芹洗净，切菱形块；青椒洗净，切段；红椒洗净，切圈。

2.炒锅置火上，注食用油烧热，放入青椒、红椒煸香，加鳝段、西芹煸炒，再放入盐、鸡精调味，起锅装盘即可。

【营养功效】鳝鱼中含有丰富的DHA和卵磷脂，它们是构成人体各器官组织细胞膜的主要成分，而且是脑细胞不可缺少的营养。

小贴士

　　鳝鱼的血清有毒，但毒素不耐热，能被胃液和加热所破坏，一般煮熟食用不会发生中毒。

青椒小炒鳝

主料：田鸡600克。

辅料：泡椒、姜片、蒜、葱花、料酒、盐、生抽、食用油各适量。

制作方法

1.田鸡宰杀洗净剁成块，加盐、生抽、料酒稍腌10分钟，泡椒氽水后沥干待用。

2.食用油下锅烧至四成热，将田鸡块下油锅稍炸，捞出沥油，蒜炸成金黄色捞出待用。

3.田鸡块、泡椒扣入蒸碗中，加姜片、蒜、食用油、盐，上笼蒸熟，然后翻扣在大盘中，撒上葱花即可。

【营养功效】田鸡含有丰富的蛋白质、钙和磷，有助于青少年的生长发育和缓解更年期骨质疏松。

小贴士

　　选购田鸡时要选肥壮的。

泡椒蒸田鸡

主料：牛蛙300克，甘薯200克。

辅料：红橘200克，豆瓣25克，盐、姜末、味精、食用油、胡椒粉、香菜、蒸肉粉各适量。

制作方法

1.将牛蛙宰杀后洗净，切块；红橘用刀于1/3处雕成齿形后取下成盖，掏出橘瓣另用；甘薯切成丁待用。

2.豆瓣剁碎，加入姜末、盐、食用油、味精、胡椒粉、蒸肉粉调匀，再放入牛蛙及甘薯拌匀。

3.将拌好的牛蛙和甘薯上笼蒸30分钟后，舀入红橘壳内，再上笼蒸约10分钟，取出装盘，盘边点缀香菜即可。

【营养功效】牛蛙是高蛋白、低脂肪、低糖的营养佳品，有滋补解毒的功效。

小贴士

　　宜用大火快速蒸熟，以防牛蛙上水散松，橘壳变形。

红橘粉蒸牛蛙

天府趣味鱼

主料： 鱼400克，蘑菇100克，西兰花150克，西红柿50克。

辅料： 盐、胡椒粉、生抽、白醋、辣椒油、料酒、青椒、红椒、干辣椒、花椒、泡椒、食用油各适量。

制作方法 ○●

1. 鱼治净，鱼头、鱼尾留用，鱼肉切片，加盐、胡椒粉、料酒腌入味；蘑菇洗净，切块；西红柿洗净，切片；西兰花洗净，掰成小朵；青椒、红椒均洗净，切菱形片；干辣椒洗净，切段。

2. 锅内入食用油烧热，放入花椒、干辣椒炒香后，加入鱼片煎至金黄色，放入蘑菇同炒至熟，调入盐、生抽、白醋、辣椒油炒匀，起锅盛入盘中。

3. 将鱼头、鱼尾分别放入沸水锅中煮至熟透后捞出，摆在鱼片两端，使之呈整条鱼状。青椒、红椒焯水后，摆在鱼片上。将西兰花焯水后，与西红柿片一同摆于鱼片旁，在鱼嘴里放上泡椒装饰即可。

【营养功效】 此菜具有益气、补虚、健脾、养胃、化湿、祛风、利水等功效。

小贴士

鱼头、鱼尾起装饰作用，不宜吃。

五柳鱼丝

主料： 鲤鱼750克。

辅料： 熟火腿15克，食用油150毫升，冬笋20克，蛋清25克，香菌10克，丝瓜15克，泡红辣椒10克，大葱、盐、料酒、水淀粉、鸡油各适量。

制作方法 ○●

1. 将鲤鱼去鳞，去鳃，剖腹去内脏洗净，剔去骨刺后将净肉切成粗丝，放入钵内加盐、料酒腌入味；丝瓜焯熟待用；泡红辣椒去蒂，去籽。

2. 熟火腿、冬笋、香菌、丝瓜、泡红辣椒均切成细丝。

3. 炒锅置火上，下食用油烧热，将腌入味的鱼丝用蛋清淀粉糊上浆后入锅滑散。滗去余油，将鱼丝拨一边，下火腿、冬笋、香菌、丝瓜、泡红辣椒略炒，烹滋汁翻簸，淋上少许鸡油，装盘即可。

【营养功效】 丝瓜中含防止皮肤老化的B族维生素，增白皮肤的维生素C等成分，能保护皮肤、消除斑块，使皮肤洁白。

小贴士

月经不调者、身体疲乏、疲喘咳嗽、产后乳汁不通的妇女适宜多吃丝瓜。

蔬菜类

蔬菜类食品注意事项

减少蔬菜农药残留妙招

蔬菜，是指可以做菜、烹饪成为食品的，除了粮食以外的其他植物（多属于草本植物）。蔬菜是人们日常饮食中必不可少的食物之一。蔬菜可提供人体所必需的多种维生素和矿物质。

在现在大批量种植过程中，需要经常使用农药杀虫、去杂草等，蔬菜上市后，里面往往会残留一些农药，不但影响其营养价值，更直接对人体造成伤害，因此应注意采用适当方法来减少农药残留。

1.充分洗涤浸泡。由于用于蔬菜中的农药多数是水溶性的，通过洗涤浸泡可减少农药残留，因此蔬菜烹饪加工前应用清水充分冲洗掉表面污物，一般应洗3次以上，洗净后再用清水浸泡20～30分钟即可。

2.烫泡弃水。把用清水清洗过的蔬菜置沸水中烫泡2分钟，一些农药会随着温度升高而加快分解，可有效去除蔬菜表面的大部分农药。

3.清洗去皮。对于带皮的蔬菜，外皮农药残留大于内部，可以削去皮层，食用肉质部分，这样既可口又安全。

4.适当储存。某些农药在存放过程中会随着时间的推移，缓慢地分解为对人体无害的物质，所以，蔬菜适当存放一段时间，可减少农药残留。

常见蔬菜的选购技巧

在选购蔬菜的时候，主要是避免买到农药残留过多，污染较为严重的蔬菜。

黄瓜的选购

黄瓜大致可以分为多刺、少刺和无刺三种，从口感上来讲，多刺黄瓜的味道香脆，口感最好。而无刺黄瓜的味道最淡。不论选购哪种黄瓜，在选购的时候都要选瓜形直长，质地鲜嫩，无伤无烂孔的黄瓜。

韭菜的选购

市场上的韭菜一般有宽叶和窄叶两种，窄叶韭菜的叶子细长，颜色较深，纤维量高，香味浓厚。宽叶韭菜的叶片宽厚，颜色较浅，比较柔嫩，味道稍淡。购买时根据个人喜好选择宽窄叶的韭菜即可，对于叶子枯萎、变黄、有虫眼的韭菜不要购买。

芹菜的选购

在购买芹菜的时候，要选择梗长在20到30厘米之间的，而且叶子翠绿不枯黄的芹菜。如果菜梗粗壮，可以用手指捏一下，一般来说实心菜梗的芹菜要比空心菜梗的好吃。

茄子的选购

在选购茄子的时候，首先要试一下茄子的软硬程度，用手握一下茄身，微软的是嫩茄子，如果坚硬的则是老茄子。如果茄子表面油亮度不高并且有褶皱，说明茄子已经不新鲜了。

西红柿的选购

不要购买青色的西红柿以及果蒂部位发青的西红柿，这种西红柿不但营养成分较少，而且所含有的西红柿苷带有毒性，食用后容易使人腹泻。在购买时应该选择形体圆润，色泽透红的西红柿，这样的西红柿含糖量较多，味浓，炒菜和烧汤的味道都很好。

部分蔬菜的健康吃法

西红柿

西红柿要在餐后吃。西红柿既可以生吃，又可以熟食，有些人权当作水果吃，但不管怎样，吃的时间是有讲究的。科学研究表明，餐后吃西红柿，可使胃酸和食物混合，大大降低酸度，避免胃内压力升高引起胃扩张，产生腹痛、胃部不适等症状。

胡萝卜

胡萝卜不要与白萝卜混合吃。不要把胡萝卜与白萝卜一起磨成泥酱，因为胡萝卜中含有能够破坏维生素C的酵素，会把白萝卜中的维生素C完全破坏掉。

香菇

香菇需洗净并浸泡后才能煮着吃。香菇中含有麦角淄醇，在接受阳光照射后会转变为维生素D。如果在吃前不用水浸泡，会损失很多营养成分。煮蘑菇时不能用铁锅或铜锅，以免造成营养流失。

豆芽菜

豆芽菜要炒熟吃。豆芽质嫩鲜美，营养丰富，但吃时一定要炒熟。否则，食用后会出现恶心、呕吐、腹泻、头晕等不适反应。

菠菜

菠菜不宜过量食用。菠菜中含有大量草酸，草酸在人体内会与钙和锌生成草酸钙、草酸锌，不易吸收排出体外，影响钙和锌在肠道的吸收，还会影响智力发育。

韭菜

韭菜炒熟后不宜存放过久。韭菜最好现做现吃，不能久放。如果存放过久，其中大量的硝酸盐会转变成亚硝酸盐，引起毒性反应。另外，消化不良者也不能吃韭菜。

绿叶蔬菜

久焖的绿叶蔬菜不宜吃。绿叶蔬菜在烹调时不宜长时间焖煮，否则，绿叶蔬菜中的硝酸盐将会转变成亚硝酸盐，诱发食物中毒。

椒油小白菜

主料：小白菜300克，鲜蘑50克。

辅料：酱油5毫升，食用油、淀粉、盐、花椒各适量。

制作方法

1.将小白菜切段，放入开水内焯一下；鲜蘑切成片，用热水烫一下，控水。

2.淀粉放碗内加水调成水淀粉；花椒放入热油内炸出花椒油待用。

3.炒锅添清汤，加入酱油、盐，放入小白菜，鲜蘑煮沸，用水淀粉勾芡，撒入味精，淋上花椒油即可。

【营养功效】小白菜是含维生素和矿物质最丰富的蔬菜之一，为保证身体的生理需要提供物质条件，有助于增强机体免疫能力。

小贴士

小白菜炒、煮的时间不宜过长，以免损失营养。

麻辣茄条

主料：茄子250克，芝麻25克。

辅料：豆瓣酱20克，淀粉、辣椒油、香油、花椒粉、食用油、盐各适量。

制作方法

1.茄子切成条，用盐拌匀，蘸淀粉，放入七成热的油锅内炸，至起壳、成熟，捞出沥油。

2.原锅内留少许油，放豆瓣酱煸出香味，加盐，加水淀粉勾芡，再倒入茄条翻炒，同时撒上花椒粉、熟芝麻，淋上辣椒油、香油装盘上桌。

【营养功效】紫皮中含有丰富的维生素E和维生素P，这是其他蔬菜所不能比的，维生素P可软化微细血管，防止小血管出血。

小贴士

茄子以皮薄、籽少、肉厚、细嫩者为佳。

香辣海带丝

主料：干海带50克，红辣椒50克。

辅料：食用油、盐、酱油、醋、香油各适量。

制作方法

1.干海带用清水泡软，上屉蒸20分钟，再切丝。

2.红辣椒斜切成小条，入热油锅内炒出香味。

3.净锅置火上，放清水煮沸，放入海带丝煮5分钟，取出沥水。将海带丝放在锅内，加上盐、酱油、醋，迅速翻炒均匀，再倒入炒好的红辣椒，淋上香油即可。

【营养功效】海带营养丰富，含有较多的碘、钙、铁等微量元素，有治疗甲状腺肿大之功效。

小贴士

食用该菜后不要马上喝茶，也不要立刻吃酸涩的水果。

主料：雪菜100克，腰果100克。

辅料：葱段、姜丝、食用油、香油、汤、盐、味精各适量。

制作方法

1.将雪菜撕成细丝，切成寸段，放入开水锅内煮透，去除咸味。

2.用葱段、姜丝煸炒雪菜，加汤、辅料煨至酥捞出沥水。锅内放食用油烧至三成热时，放腰果，炸至金黄色时，捞出沥油。

3.再用大火将油烧至八成热时，放雪菜入锅炸至脆，捞出，腰果、雪菜分别撒上味精、盐，淋上香油，装盆即可。

【营养功效】腰果仁是名贵的干果和高级菜肴，含蛋白质达21%，含油率达40%，可以润肠通便、润肤美容、延缓衰老。

小贴士

腰果在食用前最好先洗净并浸泡5个小时。

雪菜腰果

主料：冬瓜500克。

辅料：干辣椒、花椒末、香油、盐、酱油、糖各适量。

制作方法

1.将冬瓜去皮切成小片。

2.将冬瓜片投入开水锅中煮5分钟后捞出沥水，加入盐、酱油、糖和花椒末。

3.炒锅中倒入香油，烧至七成热时，放入干辣椒，炸香后捞出干辣椒，将炸出的红油趁热淋在冬瓜片上，拌匀后即可。

【营养功效】冬瓜含维生素C较多，且钾盐含量高，钠盐含量较低，高血压、肾脏病、浮肿病等患者食之，可达到消肿而不伤正气的作用。

小贴士

冬瓜是一种解热利尿功效比较理想的日常食物，连皮一起煮汤，效果更明显。

麻辣冬瓜

主料：白菜800克，鸡汤500毫升。

辅料：枸杞子、盐、姜丝、葱段、料酒各适量。

制作方法

1.白菜取菜心，去筋络，改刀切成片。

2.炒锅烧水至沸，将白菜放水中焯至半熟取出备用。

3.取鸡汤加白菜与盐、葱段、姜丝、料酒煮沸，用勺打出配料渣，放入枸杞子即可。

【营养功效】白菜含有丰富的膳食纤维，不但能起到润肠、促进排毒的作用，又能刺激肠胃蠕动，具有促进大便排泄，帮助消化的功效。

小贴士

说是白菜，其实只取大白菜中间的那点发黄的嫩心，将熟未透时的白菜心最好。

开水白菜

干煸苦瓜青椒

主料：苦瓜250克，青椒250克。

辅料：盐、糖、食用油、味精各适量。

制作方法

1.苦瓜洗净，剖成两半，挖去籽，斜切成厚片；青椒去柄洗净切丝。
2.锅内不放油，用小火分别将苦瓜、青椒煸去水分倒出。
3.锅热注食用油，下入青椒丝、苦瓜片煸炒，下盐、味精、糖，炒匀盛盘即可。

【营养功效】苦瓜具有清热祛暑、明目解毒、降压降糖、利尿凉血、解劳清心、益气壮阳之功效。

小贴士

苦瓜亦可用盐适量腌去水分再煸，风味更佳。

干锅茶树菇

主料：水发茶树菇400克。

辅料：红辣椒1个，油炸蒜仔30克，辣椒酱20克、盐、味精、香菜、蚝油、老抽、红油、香油各适量。

制作方法

1.茶树菇切成段，下入沸水锅中氽一水捞出；红辣椒切成菱形块。
2.净锅上火，放入红油烧热，先下入辣椒酱、蚝油炒香，再倒入茶树菇煸炒，掺少许清水，调入盐、老抽、味精，稍煮，接着下入油炸蒜仔、红辣椒块炒拌均匀。
3.最后淋入香油，起锅盛入锅仔内，点缀上香菜，随配酒精炉上桌即可。

【营养功效】茶树菇性甘温、无毒，有健脾止泻之功效，并且有抗衰老、降低胆固醇的作用。

小贴士

干品先用清水快速将茶树菇冲洗1次，入清水中浸泡35分钟左右。

麻辣笋块

主料：冬笋300克。

辅料：食用油、芝麻酱、盐、味精、香油、辣椒油各适量。

制作方法

1.将冬笋去老梗，切成长方块。
2.炒锅放火上，放入食用油，油温达五成热，下入冬笋块炸1分钟左右，倒入漏锅控净油。
3.另用锅加入辣椒油、芝麻酱、盐、清水，再放入冬笋块，改用小火烧2分钟左右，待汤汁稠浓，放入味精，颠翻几下，淋香油即可。

【营养功效】冬笋有开胃健脾、通肠排便、开膈豁痰、消油腻、解酒毒等功效。

小贴士

炒冬笋的时候油温不要太热，否则不能使笋里熟外白。

主料：干香菇300克，干辣椒100克。

辅料：花椒、花椒粉、辣椒粉、盐、食用油各适量。

制作方法

1.将干香菇泡水变软后捞出切成条，干辣椒剪成段。

2.炒锅用小火烧，将盐、辣椒粉、花椒粉混合均匀倒入炒锅迅速翻炒，至盐略黄，发出香味时倒出备用。

3.炒锅下食用油，六七成热时将香菇条放入，翻炒至香菇条变黄，发出香味时将干辣椒段、花椒和少许盐放入，再炒10分钟即可捞起入盘，再将刚才炒好的椒盐粉撒上，拌匀即可。

【营养功效】香菇含有丰富的精氨酸和赖氨酸，可增智；常吃，可健体益智。

小贴士

若没有干香菇，可直接选择鲜香菇使用。

油辣香菇

主料：子姜500克。

辅料：甜面酱20克，盐、糖、味精、葱、食用油各适量。

制作方法

1.将子姜清洗干净，去皮，用刀拍破，放入盆中加盐拌匀，腌30分钟。

2.将腌好的子姜用凉开水清洗过后，沥去水分。将葱去老叶、根须，洗净切成马耳葱。

3.炒锅置火上，加食用油烧至四成热，下入甜面酱煸出香味，起锅盛入碗中，再加入味精、盐、糖调匀。

4.将调好的酱汁倒入子姜中，拌匀，撒上葱即可。

【营养功效】子姜促进血液循环，振奋胃功能，达到健胃、止痛、发汗、解热的作用。

小贴士

姜必须选用无明显纤维的嫩姜为佳。

酱香子姜

主料：茄子450克，芋头300克。

辅料：盐3克，鸡精3克，辣椒油10克，食用油、蚝油、淀粉各适量。

制作方法

1.将茄子洗净，切成长条；芋头去皮，洗净，用挖球器挖成小球。

2.再将芋头和茄子一起装盘，转入蒸锅，大火蒸约15分钟。

3.油锅烧热，下入蚝油、淀粉和其他辅料炒成黏稠状，起锅淋在茄子上即可。

【营养功效】芋头含有黏液蛋白，被人体吸收后能产生免疫球蛋白，或称抗体球蛋白，可提高机体的抵抗力。

小贴士

芋头烹调时一定要烹熟，否则其中的黏液会刺激咽喉。

辣蒸茄子

凉拌藕片

主料：莲藕500克。

辅料：香油、酱油、盐、味精、葱花、姜丝、蒜片各适量。

制作方法

1.将莲藕洗净，刮去皮，切成片，用开水烫一下，冷水过凉，然后控去水分，装入盘内。

2.藕片上放上葱花、姜丝、蒜片，加酱油、盐、香油、味精，拌匀即可。

【营养功效】莲藕具有清热凉血、通便止泻、健脾开胃、益血生肌、止血散淤等功效。

小贴士

选择藕节短、藕身粗的为好，从藕尖数起第二节藕最好。

炝豆芽菜

主料：绿豆芽250克。

辅料：干辣椒20克，花椒10克，盐、味精、食用油各适量。

制作方法

1.绿豆芽洗净去泥沙，浸泡片刻捞出控净水；干辣椒切节。

2.锅烧热，放食用油烧热，干辣椒节和花椒同时下锅稍炒。

3.待炒出香味后，把绿豆芽下锅，随即放盐、味精，稍炒即可。

【营养功效】绿豆芽所含的热量很低，却含有丰富的纤维素、维生素和矿物质，有美容排毒、消脂通便、抗氧化的功效。

小贴士

绿豆芽生长到一寸左右时，营养价值最高。

冬瓜燕

主料：冬瓜500克，熟火腿50克。

辅料：清汤500毫升，淀粉、盐、味精、食用油各适量。

制作方法

1.冬瓜去皮、籽后，片成薄片，再切成长约10厘米的银针细丝，扑上淀粉；熟火腿切成细丝。

2.炒锅置火上，入清水煮沸，放入冬瓜丝，余至色白发亮，捞出过冷开水，沥水整齐放入汤碗中。

3.加盐、火腿丝、清汤、味精，置蒸笼中蒸至冬瓜入味即可。

【营养功效】冬瓜含有较多的蛋白质、糖，少量的钙、磷、铁等矿物质以及维生素B_1、维生素B_2、维生素C和尼克酸等，其中维生素B_1可促使体内的淀粉、糖转化为热能，而不变成脂肪，所以冬瓜有助减肥。

小贴士

冬瓜性寒，脾胃气虚，腹泻便溏，胃寒疼痛者忌食生冷冬瓜。

主料：大白菜芯900克，栗子500克。

辅料：食用油800毫升，鸡油60毫升，盐、味精、料酒、鸡汤、水淀粉各适量。

制作方法

1.将大白菜芯削去梆皮、抽筋顺切成条，清洗干净，入沸水中汆透后捞出冲凉，修成长短一致的条并理顺，整齐地放在盘内，撒上盐，注入鸡汤上屉蒸5分钟。

2.栗子煮软去壳和内皮，用油稍炒一下捞出来放在碗里，加汤上屉蒸烂。

3.将炒锅烧热注鸡油45毫升，放白菜稍炒，随即加入鸡汤、料酒、盐和去完汁的栗子用小火烧一下，将白菜整齐地摆入盘内，再把汁调好味，加上味精用水淀粉勾成稀芡浇在白菜上，淋上鸡油即可。

【营养功效】栗子含糖、淀粉、蛋白质、脂肪及多种维生素、矿物质。

小贴士

新鲜栗子容易变质霉烂，吃了发霉栗子会中毒，因此变质的栗子不能吃。

主料：空心菜1000克，猪瘦肉100克。

辅料：食用油、盐、糖各适量。

制作方法

1.将空心菜择洗干净，猪瘦肉切成碎末。

2.沙锅内放食用油烧热，加入肉末煸炒，再加入盐、糖略炒，放入空心菜翻炒片刻即可。

【营养功效】空心菜是碱性食物，并含有钾、氯等调节水液平衡的元素，食后可降低肠道的酸度，预防肠道内的菌群失调。

小贴士

空心菜中的叶绿素有"绿色精灵"之称，可洁齿防龋除口臭，健美皮肤，堪称美容佳品。

主料：猪瘦肉150克，蕨菜250克，胡萝卜80克。

辅料：盐3克，味精2克，生抽、料酒、香油、食用油各适量。

制作方法

1.猪瘦肉洗净，切丝，加盐、料酒腌入味；胡萝卜去皮、洗净，切条；蕨菜去老叶柄、洗净，放入沸水锅中焯水后捞出，切段。

2.锅内入食用油烧热，放入肉丝过油后盛出。

3.再热油锅，入胡萝卜稍炒后，加入蕨菜、肉丝同炒，调入盐、味精、生抽翻炒均匀，淋入香油，起锅盛入盘中即可。

【营养功效】蕨菜含有蕨菜素，可用于发热不退、肠风热毒、湿疹、疮疡等病症，具有良好的清热解毒、杀菌清炎之功效。

小贴士

在超市或市场买的新鲜或袋装鲜蕨菜，也要先用热水焯烫后用凉水浸泡冲洗，以去除土腥味黏液。

栗子白菜　炒空心菜　肉炒山蕨菜

辣白菜

主料：白菜250克。

辅料：糖60克，醋60毫升，香油、花椒粉、干辣椒、姜丝、盐、泡椒丝各适量。

制作方法

1. 将白菜洗净，撕成长条，放入盐水里泡2小时后捞起来，再将白菜的水分挤干，放入盆中，上覆姜丝、泡椒丝。
2. 将香油、盐、干辣椒、花椒粉等煮沸，淋在菜上面，再加糖、醋，盖数分钟即可。

【营养功效】辣白菜中含有钙、铜、磷、铁等丰富的矿物质，能促进维生素C和维生素B的吸收。

小贴士

吃辣白菜需要细嚼慢咽，这样不仅有利于消化，更重要的是，辣白菜含有多种维生素和酸性物质，只有细嚼慢咽，这些物质才能充分吸收利用。

咖喱酸辣菜花

主料：菜花500克，干辣椒15克。

辅料：醋、咖喱粉、盐、味精、各适量。

制作方法

1. 将菜花洗净，切成小朵，放入沸水中烫透捞出，用冷水过凉后控水；干辣椒去蒂、籽后洗净，切成细丝。
2. 炒锅上大火，加水适量，放入咖喱粉、干辣椒丝、盐、味精、醋，烧沸后撇去浮沫，起锅晾凉后倒入大汤盆内。
3. 然后加入菜花浸泡1小时捞出，整齐地摆放盘中，淋入少许腌菜花的原汁即可。

【营养功效】菜花富含蛋白质、脂肪、食物纤维、维生素及矿物质，其中维生素C含量较高，能增强人的体质、增加抗病能力、提高人体机体免疫功效。

小贴士

干辣椒和咖喱粉要适度，否则会影响整个菜的清甜口感。

冬瓜盅

主料：小冬瓜1000克。

辅料：清汤500毫升，冬菇100克，冬笋100克，食用油25毫升，莲子100克，山药100克，味精、香菜段各适量。

制作方法

1. 小冬瓜洗净后，刮去外层薄皮。将冬瓜上端切下1/3留做盖用，然后挖去瓜籽及瓜瓤，放入开水锅中烫至六成熟，再放入凉水中浸泡冷透。
2. 取冬菇、冬笋、山药洗净切成小丁，莲子去皮洗净，并将山药、莲子入笼蒸烂。
3. 将锅烧热，放入清汤，再放入冬菇、冬笋、山药、莲子，用大火煮沸，再小火煨约5分钟，然后倒入冬瓜盅内。另加入清汤、味精、盐和少许食用油，盖上盖，上屉蒸15分钟，取出放在大碗里，撒上香菜段即可。

【营养功效】冬瓜含有丙醇二酸，对于防止人体发胖具有重要意义，有助于体形健美。

小贴士

注意冬瓜形整完好，不可漏汤。

主料：香芋800克。

辅料：剁椒20克，盐、鸡精、食用油、豆豉、姜末、蒜末、葱花、蚝油各适量。

制作方法

1.香芋去皮洗净，改切成菱形块，下油锅炸干水分，放入碗中待用。

2.剁椒加盐、姜末、蒜末、蚝油、鸡精、豆豉，并用热油浸泡至熟，冷却备用。

3.将冷却的剁椒汁盖在香芋块上，入笼蒸8分钟，出笼撒上葱花即可。

【营养功效】香芋富含蛋白质、脂肪、钙、磷等营养成分，其中，氟的含量较高，具有洁齿防龋、保护牙齿的作用。

小贴士

剁椒要用热油浸透。

剁椒蒸香芋

主料：荷兰豆200克，冬菜50克，叉烧50克。

辅料：食用油、酱油、味精、糖各适量。

制作方法

1.荷兰豆去头尾，洗净，待用。

2.冬菜洗净，切成碎末；叉烧切成细粒。

3.锅中倒入食用油烧热，将叉烧粒和冬菜末倒入锅中急炒几下，随后加入荷兰豆，加入酱油、糖、味精，再翻炒至熟即可。

【营养功效】荷兰豆富含优质蛋白质、胡萝卜素和粗纤维等营养成分；它所含的止权酸、赤霉素和植物凝素等物质，具有抗菌消炎、提高新陈代谢水平的功能。

小贴士

荷兰豆适合与富含氨基酸的食物一起烹调，可以明显提高豌豆的营养价值。

冬菜炒兰豆

主料：冬笋300克。

辅料：花椒、味精、盐、酱油、辣椒油、食用油、杂骨汤各适量。

制作方法

1.冬笋洗净后在清水中煮熟，捞出，从中切开，用刀背拍松，按其形状，切成条。

2.炒锅内放入食用油，烧至七成热，下冬笋、花椒煸炒30秒钟，再下酱油、盐炒几下。

3.注入100毫升杂骨汤，加味精，焖2分钟，收干汤汁，盛入盘中，淋上辣椒油，拌匀待凉，装盘即可。

【营养功效】冬笋含有膳食纤维，能促进肠胃蠕动，对防治便秘有一定的作用。

小贴士

炒冬笋的时候油温不要太热，否则不能使笋里熟外白。

油辣冬笋尖

香辣绿豆芽

主料： 绿豆芽300克。

辅料： 干辣椒丝、香菜段、食用油、白醋、酱油、盐、味精、花椒、香油、葱丝各适量。

制作方法

1. 绿豆芽拣洗干净，下沸水中氽烫片刻，立即捞出，沥干水分备用。
2. 炒锅上火烧热，加少许食用油，下花椒粒炸出香味，捞出不要，放葱丝炝锅，烹白醋，下绿豆芽、干辣椒丝煸炒片刻。
3. 再加盐、酱油、味精翻炒均匀，淋香油，撒香菜段，出锅装盘即可。

【营养功效】豆芽中所含的蛋白质会分解成易被人体吸收的游离氨基酸，还有更多的磷、锌等矿物质，维生素B$_2$、胡萝卜素等。

小贴士

绿豆芽烹饪时应该配上一点姜丝，以中和它的寒性，油不宜太多，要尽量保持清淡和爽口的特点。

油辣包菜卷

主料： 包菜750克。

辅料： 红尖椒50克，姜、花椒、盐、醋、香油、味精各适量。

制作方法

1. 包菜洗净，将菜叶一片片掰下，平放在砧板上，用刀把叶子中间的硬梗片薄，以便卷筒时易成形。
2. 把加工好的包菜，放入开水锅中氽一下捞出，迅速放入冷水盆中，再捞出沥干水分，放入大盘中散开，同时放入盐、醋、糖、味精与菜拌匀腌好，待用。
3. 把姜切成丝，放在包菜上；香油放热锅中，油沸时，下花椒，炸至快黑时捞出不要，再把油浇在包菜上，拌匀，浸10分钟。
4. 把红尖椒切成丝；取一包菜，把红尖椒丝放在包菜的头端，从头开始卷起，成筒形；菜全部卷好后，码整齐，将两边不齐部分去掉；上桌时，把包菜卷切成段，均匀码入盘中即可。

【营养功效】包菜中含有丰富的维生素C、维生素E、叶酸等，能提高人体免疫力、预防感冒。

小贴士

包菜在热水锅中氽的时间不宜过长，水一定要没过菜，最好是菜在热水中，水似开没开时捞出。

香辣金针菇

主料： 金针菇300克。

辅料： 鸡蛋清30克，花生仁15克，干辣椒节10克，食用油、淀粉、辣椒油、花椒、蒜末、姜末、葱花、盐、味精、香油、花椒油、面粉各适量。

制作方法

1.金针菇去根，洗净，下入加有盐的沸水锅中焯烫，捞出沥干水分；蛋清液加入淀粉、面粉及适量清水调成面糊。
2.净锅上火，注入食用油烧至五成热，取金针菇挂匀面糊，逐根下入油锅中，炸至金黄色，倒出余油。
3.锅留底油，放干辣椒节、花椒、姜末、蒜末炒香。倒入炸好的金针菇翻炒，并加入盐、味精、香油、辣椒油、花椒油调味，撒入捣碎的花生仁和葱花炒匀，起锅装盘即可。

【营养功效】金针菇含有人体必需氨基酸成分较全，其中赖氨酸和精氨酸含量尤其丰富，且含锌量比较高。

小贴士

对于肠胃虚弱者，花生不宜与黄瓜、螃蟹同食，否则易导致腹泻。

呛 辣 苦 瓜

主料： 苦瓜500克。

辅料： 葱花、姜末、蒜末、豆豉、辣椒油、食用油、花椒油、香油、酱油、糖、醋、盐、味精、芝麻酱各适量。

制作方法

1.苦瓜洗净，对切两半，去掉瓜瓤，顺长切成4厘米长的粗丝条，放沸水锅内，煮至断生捞出，控干水分，拌少许盐、香油上碟。
2.把炒锅置大火上，倒入食用油烧热，下豆豉炒酥，铲出放在案板上，剁成蓉倒回锅内。
3.加酱油调匀，再加糖、醋、味精、葱花、姜末、蒜末、香油、辣椒油、芝麻酱、花椒油调匀，淋在苦瓜上即可。

【营养功效】苦瓜中的苦味来源于生物碱中的奎宁，有利尿活血、消炎退热、清心明目的功效。

小贴士

糖尿病患者若按照该食谱制作菜肴，请将调料中的糖去掉。

果
味
辣
白
菜

主料：大白菜300克，鲜橙子500克。

辅料：干辣椒、糖、盐各适量。

制作方法

1.大白菜洗净，切片，用盐腌制2小时后，冲洗干净，沥干水分；干辣椒泡软，去蒂切小丁。

2.鲜橙子榨汁备用。

3.将白菜片、干辣椒丁放入碗中，加入橙汁、糖，用保鲜膜封好腌12小时即可。

【营养功效】大白菜性温，味甘，有清热解毒、消肿止痛、调和肠胃、通利二便等功效。

小贴士

此菜需细嚼慢咽，不仅有利于消化，而且能充分吸收利用其中的维生素和酸性物质。

辣
椒
芋
丝

主料：魔芋300克。

辅料：红辣椒、花椒、盐、味精、鲜汤、食用油各适量。

制作方法

1.魔芋洗净切丝，入沸水锅焯去碱涩味，捞出；红辣椒洗净切粒备用。

2.锅内放入食用油烧热，下花椒炒香，加入鲜汤、魔芋丝、盐、味精，用中火慢烧入味，汁水将干时加入辣椒粒，起锅即可。

【营养功效】魔芋含大量维生素、植物纤维及黏液蛋白，能减少体内胆固醇的积累、预防动脉硬化和防治心脑血管疾病。

小贴士

烹制前一定要将魔芋丝焯水，以除去涩味。

鲜
辣
紫
豇
豆

主料：紫豇豆400克。

辅料：花椒、嫩姜块、食用油、盐、芝麻酱、糖、味精、米醋、酱油、香油、红油各适量。

制作方法

1.紫豇豆洗净，掐去两端，切成段；花椒放锅内煸炒，出锅擀压成末备用；嫩姜块切丝，锅内放食用油烧热，放入姜丝炒出香味，出锅倒在碗里成姜汁油。

2.锅置火上，放清水煮沸，加上盐，放入豇豆段焯至熟，捞出放冷水中过凉，控干，码在盘内。

3.把芝麻酱放锅里，加清水煮沸，加上花椒末、姜汁油、米醋、酱油、盐、糖、味精、香油和红油调匀成汁，淋在紫豇豆上面即可。

【营养功效】豇豆性味甘平，有健脾肾、生精液的功效，尤其适合食少腹胀、呕逆嗳气的脾胃虚弱者。

小贴士

豇豆烹饪时间不宜过长，以免其营养流失。

主料：莴笋500克。

辅料：花椒、干辣椒、盐、米醋、糖、香油各适量。

制作方法

1. 将莴笋竖刀切开，切成丝码入盘内，撒上盐、糖，腌30分钟，沥干水分备用。
2. 净锅置中火上放入香油烧热，投入花椒炸出香味，放入干辣椒炸至呈金黄色离火；将油倒在莴笋片上，干辣椒摆在上面。
3. 另起锅置中火上，放入适量糖、盐、米醋，煮沸浇在莴笋丝周围即可。

【营养功效】莴笋含有多种维生素和矿物质，其所含有机化合物中富含人体可吸收的铁元素，对有缺铁性贫血病人十分有利。

小贴士

莴笋怕咸，盐要少放才好吃。

酸辣莴笋

主料：四季豆500克，猪肉末100克，碎米芽菜50克。

辅料：干辣椒20克，葱末、姜末、蒜蓉、料酒、香油、糖、味精、盐各适量。

制作方法

1. 将四季豆摘去老筋，切成均匀的长段，洗净，沥干水分；干辣椒切小段。
2. 锅中放食用油烧热，倒入四季豆，用大火炸至外皮微皱，捞出沥油。
3. 锅中留底油，放入葱末、姜末、蒜蓉爆香，下入干辣椒，倒入肉末炒散，加入料酒，炒至干酥，放入四季豆、糖、味精、盐翻炒至熟即可。

【营养功效】四季豆有调和脏腑、安养精神、益气健脾、消暑化湿和利水消肿的功效。

小贴士

烹煮时间宜长不宜短，要保证四季豆熟透，否则会发生中毒。

干煸四季豆

主料：茄子400克，青尖椒50克。

辅料：食用油400毫升，大蒜20克，料酒、蚝油、淀粉、酱油、胡椒粉、糖、盐、味精各适量。

制作方法

1. 茄子洗净，去皮，切粗条；青尖椒洗净，去籽，切成条；蒜去皮，洗净，切成末。
2. 锅中放食用油烧热，放入茄子炸至色泽金黄，放入青尖椒条，即刻捞出沥干油。
3. 余油倒出，留少许，放入蚝油、蒜末煸炒香味，倒入料酒、酱油和400毫升水。
4. 放入茄子、青尖椒、酱油、胡椒粉、糖、盐、味精，煮沸，水淀粉勾芡，盛入煲锅即可。

【营养功效】尖椒茄子煲中富含蛋白质、脂肪、碳水化合物、膳食纤维、维生素A、维生素E、胡萝卜素、钾、钠等。

小贴士

本品有油炸过程，需备食用油约400毫升。

尖椒茄子煲

青红煮土豆

主料： 土豆200克，青椒、红椒各1个。

辅料： 清汤150毫升，姜、食用油、盐、味精、糖、鸡精各适量。

制作方法

1. 土豆去皮切成块，青椒、红椒切成片，姜切末。
2. 锅内放食用油烧热，放入姜末、清汤煮沸，加入土豆块、青椒片、红椒片，煮至熟透。
3. 加入盐、味精、糖、鸡精，用小火煮3分钟，倒入汤碗内即可。

【营养功效】土豆含大量膳食纤维，可改善便秘，起到清洁肠胃之效。

小贴士

土豆去掉的皮要薄。

椒油萝卜丝

主料： 白萝卜350克，胡萝卜50克。

辅料： 香油30毫升，米醋5毫升，味精、糖、花椒、盐各适量。

制作方法

1. 把白萝卜、胡萝卜洗净去皮，切成细丝，放在碗里，加盐腌20分钟；将白萝卜和胡萝卜丝放清水中漂洗，去掉盐分，用洁布包裹，挤干水分。
2. 把白萝卜和胡萝卜丝放在大碗里，加适量盐、米醋、味精和糖调拌均匀。
3. 锅置火上，放香油烧至五成热，放入花椒炸至呈黄色，花椒不用，将热香油倒在盛有萝卜丝的碗里，拌匀即可。

【营养功效】此菜具有清热润肺、解燥通气、祛痰消食、除胀利便等功效。

小贴士

萝卜不可以同橘子、苹果一起吃。

香辣土豆块

主料： 土豆500克，干辣椒50克。

辅料： 食用油100毫升，白醋10毫升，盐、味精、鲜汤、葱花、姜末各适量。

制作方法

1. 土豆洗净去皮，切块；干辣椒去蒂及籽，切小段，洗净泡软备用。
2. 油锅上火烧至七成热，下入土豆块炸至熟透，呈金黄色时倒入漏勺。
3. 炒锅上火烧热，放食用油，用姜末炝锅，下入干辣椒煸炒，出红油后再放入土豆块，烹白醋，添汤，加盐、味精翻炒均匀，撒葱花出锅即可。

【营养功效】土豆性平，味甘，微寒无毒，具有和中、养胃、利温消湿、健脾益气、解毒等功效。

小贴士

干辣椒用清水泡软，才能煸炒，否则易煳。

醋 椒 冬 瓜

主料：冬瓜300克，香菜段10克。

辅料：奶汤750毫升，香醋30毫升，白胡椒10粒，胡椒粉、食用油、葱丝、姜片、料酒、盐、香油、味精各适量。

制作方法 ○•

1.将冬瓜去皮、籽，切成4.5厘米长、1厘米宽、1厘米厚的条。

2.将冬瓜条飞水过凉，汤盅内下入香醋、胡椒粉调匀。

3.锅烧热下食用油，放入葱丝、姜片、白胡椒粒爆香，烹入料酒，加入奶汤、盐煮沸，用细箅子打尽葱丝、姜片、胡椒粒。

4.下入飞水后的冬瓜条，大火煮沸，至冬瓜条刚熟，调入味精，盛入调好醋、胡椒粉的盅子中调匀，撒上葱白丝、香菜段、香油即可。

【营养功效】此菜具有清热生津、祛暑除烦的功效，在夏日服食尤为适宜。

小贴士

　　冬瓜应贮存在阴凉、干燥的地方，不要碰掉冬瓜皮上的白霜。

香 菇 苋 菜

主料：苋菜300克，香菇50克。

辅料：大蒜25克，葱段、姜片、食用油、味精、水淀粉、盐、料酒、玫瑰酒各适量。

制作方法 ○•

1.苋菜去根和老叶，洗净后撕成小块，放沸水锅内焯一下，捞出控水备用。

2.香菇去蒂，放碗里，加上清水、葱段、姜片、料酒、玫瑰酒和食用油，上屉蒸约25分钟，取出，改刀切成丝；蒜去皮，剁成细末。

3.锅置火上，放食用油烧热，放入蒜末和香菇丝煸炒片刻，滗入蒸香菇的汤汁烧沸，再放入苋菜炒匀，加入料酒、盐和味精，用水淀粉勾芡，淋上油，装盘即可。

【营养功效】苋菜中富含蛋白质、脂肪、糖类及多种维生素和矿物质，其所含的蛋白质比牛奶更易被人体充分吸收。

小贴士

　　苋菜的叶子以色红者为好；苋菜不宜与甲鱼同食，否则会引起中毒。

虎皮尖椒

主料：尖椒500克。

辅料：食用油500毫升，酱油、豆豉、蒜蓉各适量。

制作方法

1.尖椒去蒂，稍微去多一点，以便入味，洗净并沥干水分。

2.炒锅烧热，下食用油，待油大热，放入尖椒，慢慢翻动，至尖椒转色，外皮泛白，盛出沥干油分，放入豆豉、蒜蓉炒香，然后再加入尖椒和酱油翻炒几下即可。

【营养功效】辣椒含有丰富的维生素C，可以控制心脏病及冠状动脉硬化，降低胆固醇。

小贴士

吃饭不香、饭量减少时，在菜里放上一些辣椒能改善食欲，增加饭量。

腌黄瓜拌蚕豆

主料：蚕豆、腌黄瓜片各200克。

辅料：盐、味精、白醋、香油、红辣椒、食用油各适量。

制作方法

1.蚕豆洗净，放入沸水锅中焯熟后捞出；红辣椒洗净，切碎，放入热油锅中炒香后盛出。

2.将蚕豆、腌黄瓜片同拌，加入炒好的红辣椒，调入盐、味精、白醋、香油拌匀即可。

【营养功效】蚕豆中含有调节大脑和神经组织的重要成分钙、锌、锰、磷脂等，并含有丰富的胆石碱，有增强记忆力的健脑作用。

小贴士

蚕豆焯的时候，放些盐，方便入味，滴几滴油，颜色会更好看，绿油油的。

川味泡菜

主料：包菜300克。

辅料：干辣椒、花椒、姜片、大料、蜂蜜各15克，料酒、香油、红油各15毫升，食用油、盐、味精各适量。

制作方法

1.包菜洗净，去除老叶，与干辣椒、花椒、姜片、大料一起放入盐水中，加入料酒、蜂蜜调味，密封，放在阴凉处腌制1天，取出沥水，切成细丝，盛盘。

2.锅置火上，放食用油，烧至六成热，下盐、香油、红油、味精调匀，淋在泡菜上即可。

【营养功效】泡菜含有丰富的维生素和钙、磷等矿物质，既能为人体提供充足的营养，又能预防动脉硬化等疾病。

小贴士

川菜里但凡带腥味的菜都会用泡椒、泡姜做佐料。

主料: 豆角500克。

辅料: 红辣椒、大蒜各20克, 盐、味精、酱油、醋、食用油各适量。

制作方法

1.豆角洗净, 下沸水锅中稍焯后, 捞出沥水; 红辣椒洗净, 切圈; 大蒜洗净, 切小块。

2.锅中注食用油烧热, 放入豆角炒至变色, 再放入红辣椒、大蒜同炒。

3.炒至熟后, 加入盐、味精、酱油、醋拌匀调味, 起锅装盘即可。

【营养功效】豆角有调和脏腑、安养精神、益气健脾、消暑化湿和利水消肿的功效。

小贴士

豆角焯水时加入少许盐和食用油, 可以使豆角颜色更绿, 更鲜嫩。

川椒烩豆角

主料: 腰果200克。

辅料: 青椒、红椒、干辣椒各20克, 食用油、盐、姜末、蒜末、鸡精、水淀粉各适量。

制作方法

1.腰果洗净备用; 干辣椒洗净, 切段; 青椒、红椒均去蒂洗净, 切片。

2.锅中下食用油烧热, 下姜末、蒜末、干辣椒段爆香, 放入腰果、青椒片、红椒片一起翻炒, 调入盐、鸡精炒匀, 起锅前用水淀粉勾芡装盘即可。

【营养功效】腰果所含的蛋白质是一般谷类作物的2倍多, 并且所含氨基酸的种类与谷物中氨基酸的种类互补。

小贴士

挑选腰果, 外观呈完整月牙形, 色泽白、饱满, 气味香、油脂丰富、无蛀虫、斑点者为佳; 而有黏手或受潮现象者, 表示鲜度不够。

川味辣香丁

主料: 金针菇300克。

辅料: 芥末油、芹菜、盐、味精、酱油、料酒、青椒、红椒、蒜各适量。

制作方法

1.金针菇洗净; 芹菜洗净切段; 青椒、红椒均洗净, 切丝; 大蒜去皮洗净。

2.将金针菇、芹菜段、青椒片、红椒片、蒜均焯水后取出, 同拌。

3.调入盐、味精、酱油、芥末油、料酒拌匀即可。

【营养功效】金针菇能增强机体的生物活性, 促进体内新陈代谢, 有利于食物中各种营养素的吸收和利用, 对生长发育也大有益处, 因而有"增智菇"、"一休菇"的美称。

小贴士

将金针菇鲜品水分挤干, 放入沸水锅内余一下捞起, 凉拌、炒、烩、熘、烧、炖、煮、蒸、做汤均可, 亦可作为配料使用。

芥末金针菇

川辣黄瓜

主料：黄瓜500克。

辅料：干辣椒25克，花椒15克，醋10毫升，香油15毫升，糖、食用油、盐、蒜末各适量。

制作方法

1.黄瓜洗净，切成条，稍去心；干辣椒用水冲洗净。碗内放盐、糖、醋、蒜末，加少量清汤，兑成汁。
2.炒锅加食用油烧热，放入花椒，炸香后捞出，下干辣椒，炸呈棕红色，将锅离火，再放黄瓜条，翻炒，加香油，起锅装盘，浇上味汁即可。

【营养功效】黄瓜中含有丰富的维生素E，可起到延年益寿、抗衰老的作用；黄瓜中的黄瓜酶，有很强的生物活性，能促进机体的新陈代谢。

小贴士
黄瓜尾部含有较多的苦味素，苦味素有抗癌的作用，所以不要把黄瓜尾部全部丢掉。

麻辣脆茄

主料：茄子400克。

辅料：干辣椒、熟芝麻、香菜、淀粉各15克，盐、鸡精、食用油各适量。

制作方法

1.茄子洗净切块，加盐和淀粉裹匀；干辣椒、香菜分别洗净，切段。
2.锅内注食用油烧热，下入茄块炸至表面呈金黄色捞出控油。
3.锅底留油，下干辣椒炒香，加入炸好的茄块稍炒，调入盐和鸡精调味，撒上熟芝麻和香菜即可。

【营养功效】茄子含有蛋白质、脂肪、碳水化合物、维生素以及钙、磷、铁等多种营养成分，具有清热止血、消肿止痛等功效。

小贴士
手术前吃茄子，麻醉剂可能无法被正常地分解，会拖延病人苏醒时间，影响病人康复速度。

剁椒木耳

主料：木耳250克，剁椒25克。

辅料：香油、生抽各15毫升，蒜末、葱段各15克，食用油、盐、味精、香菜各适量。

制作方法

1.木耳洗净，泡发，摘蒂，切碎，装入蒸笼中；香菜洗净。
2.锅置火上，放食用油烧至六成热，下剁椒、蒜末爆香，浇在木耳上，上笼蒸熟。
3.将盐、味精、香油、香菜、生抽、葱段拌匀，浇在木耳上即可。

【营养功效】木耳含有抗肿瘤活性物质，能增强机体免疫力。

小贴士
新鲜木耳有毒，干木耳更安全，食用前要用水浸泡，这会将剩余的毒素溶于水，使干木耳最终无毒，但要注意的是，浸泡干木耳时最好换两到三遍水，才能最大程度析出有害物质。

豆 制 品 类

豆制品类食品注意事项

认识豆腐

豆腐是淮南王刘安在炼制丹药时发现的，并取名"豆腐"。豆腐的主料是黄豆、绿豆、白豆、豌豆等。制作前先把豆去壳洗净，用水浸泡一段时间，加入一定比例的清水，磨成豆浆；然后用特制的布袋将豆浆装好，收好袋口，用力挤压，将豆浆榨出布袋，入锅煮沸；煮好后加入盐卤或石膏，令其凝固，再舀出放入其他容器内，用布包好，盖上木板，压10~20分钟，即可制成豆腐。

主要豆腐制品

南豆腐：又称石膏豆腐，以石膏液为成型剂，质地比较软嫩、细腻。

北豆腐：又叫卤水豆腐，以卤水为成型剂，质地较南豆腐坚硬。

豆腐皮：将黄豆筛洗、脱皮、浸泡、制浆、煮浆、过滤、蒸浆、揭皮晾晒至干而成，口感软韧清香，是妇、幼、老、弱皆宜的食用佳品。

腐竹：由黄豆去皮、浸泡、磨浆、煮浆、过滤、提取、烘干而成，成品脆干，口感极为独特，可烧、炒、凉拌以及汤食。

豆花：全名豆腐花，又称豆腐脑或豆冻，是由黄豆浆凝固后形成的食品。豆花比豆腐更加嫩软，制作时需要用到盐卤或石膏。

豆腐的食用价值

豆腐种类较多，营养价值更高，豆腐营养丰富，含有铁、钙、磷、镁等人体必需的多种微量元素，还含有糖类、食用油和丰富的优质蛋白，素有"植物肉"之美称。人体对豆腐的消化吸收率达95%以上。两小块豆腐，即可满足一个人一天的钙需要量。

豆腐的主要食用价值有：

1.豆腐是最佳的低胰岛素的氨茎的特种食品。

2.食用豆腐可以改善人体脂肪结构。

3.食用豆腐可以预防癌症。

4.食用豆腐可以预防更年期疾病。

5.食用豆腐可以预防骨质疏松症。

6.食用豆腐可以提高记忆力和精神集中力。

7.食用豆腐可以预防老化和痴呆。

8.食用豆腐可以预防肝功能的疾病。

9.食用豆腐可以预防糖尿病。

10.食用豆腐可以预防动脉硬化。

11.食用豆腐可以预防伤风和流行性感冒。

12.食用豆腐可以防辐射，加快新陈代谢，可以延年益寿之功效。

烹调豆腐的方法

焖制：把切成块的豆腐放进180℃高温的食用油中煎至表皮稍硬、色泽金黄，然后炒香蒜蓉、姜丝、菇丝、肉丝，加进汤水和调料，放进炸过的豆腐略焖，即为芳香味浓的红烧豆腐。豆腐改炸为煎或飞水亦可。

蒸制：将切成扁长方块的豆腐、薄火腿片、冬菇片在碟上排上二三行，用中火蒸8分钟，伴以熟青菜，撒上葱花、胡椒粉，烧上热油，淋上生抽等调味料，便是造型美观、味道鲜美的"麒麟豆腐"。

炸制：豆腐切成方块或菱形块，裹上干淀粉，放进180℃的热油中炸至表皮酥脆，即可以制成各式脆皮豆腐菜式。

煲制：经过初步熟处理（炸、煎或飞水）的豆腐放在砂锅内，加入虾米、冬菇、鲜鱿、带子、虾球、汤水、调料，制成海鲜豆腐煲。

烩制：蒸熟的鱼，去骨，鱼肉与豆腐烩成"豆腐鱼蓉羹"，此羹香滑清鲜，四季皆宜。烩制时要配以菇丝、姜丝、韭黄等辅料。

滚制："豆腐鱼头汤"是家喻户晓的传统菜。它以气味清香、滋味鲜甜、汤色奶白为特色。制作时注意：鱼头要煎透，用滚水，火要猛。

豆腐食用宜忌

豆腐虽好，但不宜天天吃，一次食用也不要过量。以下是豆腐食用过量引起的问题。

1.引起消化不良。一次食用过多不仅阻碍人体对铁的吸收，而且容易引起蛋白质消化不良，出现腹胀、腹泻等不适症状。

2.促使肾功能衰退。人到老年，肾脏排泄废物的能力下降，大量食用豆腐，会使体内生成的含氮废物增多，加重肾脏的负担，使肾功能进一步衰退，不利于身体健康。

3.促使动脉硬化形成。豆制品中含有极为丰富的蛋氨酸，在酶的作用下可转化为半胱氨酸，会损伤动脉管壁内皮细胞，易使胆固醇和甘油三酯沉积于动脉壁上，促使动脉硬化形成。

4.导致碘缺乏。制作豆腐的大豆含有一种叫皂角苷的物质，它不仅能预防动脉粥样硬化，还能促进人体内碘的排泄。

5.促使痛风发作。豆腐含嘌呤较多，嘌呤代谢失常的痛风病人和血尿酸浓度增高的患者多食易导致痛风发作，特别是痛风病患者要少食。

麻婆豆腐

主料：嫩豆腐500克，牛肉末150克。

辅料：豆瓣酱、酱油、盐、糖、料酒、花椒粉、鸡精、食用油、辣椒粉、淀粉、干辣椒、姜末等各适量。

制作方法

1. 嫩豆腐、干辣椒均切丁；将淀粉倒入适量水，做成水淀粉。
2. 煮沸半锅水，加盐，将豆腐丁入沸水焯30秒，捞起沥水；取一空碗，加入豆瓣酱、辣椒粉、花椒粉、盐、酱油、鸡精、料酒拌匀，做成麻辣酱汁。
3. 锅内放食用油烧热，以小火炒香姜末和干辣椒，倒入牛肉末炒散至肉变色，再倒入麻辣酱汁，与牛肉末一同拌炒均匀，煮至沸腾。
4. 倒入嫩豆腐丁轻轻拌匀，用水淀粉勾芡，撒上花椒粉即可。

【营养功效】此菜温中益气、补中生津、解毒润燥、补精添髓。

小贴士

麻婆豆腐起锅前，要用水淀粉勾芡，使汤汁呈浓稠状，麻辣味更浓。

口袋豆腐

主料：油豆腐200克，猪瘦肉60克，马蹄20克，冬菇20克，青椒、红椒各1个。

辅料：姜、淀粉、食用油、香油、红油、高汤、盐、味精各适量。

制作方法

1. 将油豆腐从一方挖一个洞，再把内部的豆腐取出，然后轻轻地从底部翻卷过来。
2. 猪瘦肉剁成肉末，马蹄去皮切末，冬菇、姜分别切成末，青椒、红椒去籽切成环状，把肉末、马蹄末、冬菇末、姜末、味精、盐、淀粉搅打至起胶，然后填入挖好的油豆腐内。
3. 锅内放食用油烧热，放入油豆腐，炸至内熟外脆，呈金黄色捞起。
4. 锅内留底油，下入青椒、红椒、炸好的油豆腐，注入高汤煮沸，调入盐、味精，煮至入味，淋入香油、红油即可。

【营养功效】油豆腐富含优质蛋白、多种氨基酸、不饱和脂肪酸、磷脂以及铁、钙等营养成分。

小贴士

油豆腐相对于其他豆制品不易消化，消化不良、胃肠功能较弱的人慎食。

主料：北豆腐250克，青椒50克，洋葱50克，豆豉20克。

辅料：大蒜、酱油、糖、香油、食用油、淀粉各适量。

制作方法

1.将豆腐切成长方形片，放入油锅中炸至金黄色捞出。
2.青椒、洋葱均切成小块；蒜切成末；豆豉用水泡软剁碎。
3.坐锅点火放食用油，油热后放入蒜末、豆豉末煸炒出香味，加入酱油、盐、糖和少许清汤，再加入青椒块、洋葱块、豆腐片，用水淀粉勾芡，淋入少许香油即可。

【营养功效】此菜富含蛋白质、碳水化合物、各种维生素及各种矿物质，对病后调养、减肥、细腻肌肤有益。

小贴士
北豆腐硬度、弹性、韧性较南豆腐强。

主料：北豆腐250克，青椒50克。

辅料：大葱5克，姜、大蒜各3克，盐、味精、糖、豆瓣酱、酱油、料酒、食用油、香油各适量。

制作方法

1.将豆腐切成长方形片，入油锅炸至金黄色捞出。
2.青椒洗净切成块；葱、姜、蒜均切成末备用。
3.坐锅点火放食用油，加入葱末、姜末、蒜末及豆瓣酱炒出香味，再放入料酒、糖、盐、酱油、味精调味，然后下入豆腐片、青椒块炒2分钟左右，再淋入少许香油即可。

【营养功效】北豆腐富含镁、钙等矿物质，能帮助降低血压和血管紧张度，预防心血管疾病的发生，还有强健骨骼和牙齿的作用。

小贴士
炸豆腐时注意火候，过火的豆腐吃起来很老。

主料：黄豆500克，萝卜干200克。

辅料：食用油50毫升，酱油15毫升，糖、味精、盐各适量。

制作方法

1.黄豆洗净；萝卜干洗净后切丁丁。
2.锅内放食用油，油热后下萝卜干丁，煸炒1分钟后盛入盘内。
3.另起锅，倒入食用油烧热，放入黄豆煸炒，再加酱油、糖、盐继续炒至黄豆上色，熟透后放萝卜干丁、味精，煸炒入味装盘即可。

【营养功效】黄豆蛋白质含量高达40%，既能补虚开胃，还可润燥补水，常食黄豆有美容的功效。

小贴士
新鲜黄豆粒和咸菜一同炒食，滋味更为鲜美。

家 常 豆 腐

主料： 北豆腐1盒，猪瘦肉100克，青椒、红椒各1个。

辅料： 豆瓣酱、生抽、料酒、糖、淀粉、盐、姜片、蒜末、食用油各适量。

制作方法

1. 将豆腐切成片；猪瘦肉切片，用生抽、淀粉腌制；青椒、红椒去籽去筋切成菱形。
2. 锅中倒少许食用油，将豆腐煎至两面发黄，装盘待用。
3. 锅烧热倒入食用油，油烧至五成热时下剁碎的豆瓣酱炒香，下姜片、蒜末炒香，下肉片炒开，加生抽、料酒。
4. 下煎过的豆腐、青椒、红椒同炒，放适量盐、糖调味即可。

【营养功效】豆腐营养丰富，含有铁、钙、磷、镁等人体必需的多种微量元素，还含有糖类、食用油和丰富的优质蛋白，素有"植物肉"之美称。

小贴士

烹调豆腐前，可用盐水焯一下，这样豆腐就不容易碎。

荷 包 豆 腐

主料： 南豆腐2块，菠菜芯50克，鸡蛋清50毫升，火腿20克。

辅料： 鸡汤200毫升、食用油、鸡油、盐、味精、胡椒粉、料酒、水淀粉各适量。

制作方法

1. 将豆腐表面粗皮去掉，过细箩成泥；火腿切成细末；菠菜芯洗净。
2. 取蛋清、盐、味精、胡椒粉、料酒、水淀粉与豆腐泥一起搅匀。
3. 用小勺抹上油把豆腐泥挤成丸子，然后用手按平，上面撒上火腿末，上屉蒸5分钟，取出用汤漂上。
4. 将鸡汤煮沸加入菠菜芯，稍煮，加入豆腐丸子，煮透，用水淀粉勾芡盛盘，淋上鸡油即可。

【营养功效】豆腐为补益清热养生食品，常食之，可补中益气、清热润燥、生津止渴、清洁肠胃。

小贴士

豆腐消化慢，消化不良者不宜多食。

麻辣豆腐

主料： 南豆腐2块，牛肉100克，青蒜50克。

辅料： 食用油100毫升，豆瓣酱50克，料酒20毫升，豆豉20克，淀粉20克，汤15毫升，花椒粉、葱、姜、辣椒粉、酱油、味精各适量。

制作方法

1. 牛肉、豆豉分别剁碎；葱、姜切末；青蒜剖开切段；豆腐切1.5厘米见方的块，用开水泡上。
2. 炒锅注食用油烧热，先下牛肉，煸炒去水分后，将豆瓣酱、葱末、姜末和豆豉下勺炒酥，再下入辣椒粉，炒变色时注汤、酱油和料酒，再下入豆腐，用小火煨透入味，再放入味精，用水淀粉勾芡，撒上青蒜段、花椒粉装盘即可。

【营养功效】豆腐的消化吸收率达95%以上，且含钙量丰富，两小块豆腐即可满足一个人一天钙的需要量。

小贴士

南豆腐软嫩细滑有弹性，水分含量也比较高。烹饪前，先将锅中的水煮沸，放一小勺盐，把豆腐切块焯一下，再做菜就不容易碎了。

素 牛 肉

主料： 豆油皮1000克。

辅料： 盐、食用色素、胡椒粉、辣椒粉、味精、香油、椒盐、姜汤各适量。

制作方法

1. 将豆油皮用温水洗软，将盐、食用色素、胡椒粉、味精、香油、姜汤调成味汁。
2. 将豆油皮铺平在白净布上，铺一层抹一层调味汁，隔3层涂一次食用色素，叠数层后，将其卷紧成圆棒形，用纱布包紧，竹片夹好，用绳捆紧。
3. 上笼用大火蒸1小时，出笼晾凉，剥去包布，切片装碟，淋香油，撒上椒盐、辣椒粉即可。

【营养功效】豆油皮含有丰富的优质蛋白、大量的卵磷脂和多种矿物质，能有效补充钙。

小贴士

可随自己喜爱搭配其他青菜，如小白菜、油菜、金针菇等，让营养更加全面均衡。

麻酱豆腐

主料：嫩豆腐500克。

辅料：芝麻酱30克，盐、辣椒油各适量。

制作方法

1. 豆腐切成块，放入沸水中焯烫透，捞出控干水分，放入盘内。
2. 香菜洗净，切成丝，放在豆腐旁。
3. 在芝麻酱中加入盐，用清水调开，浇在豆腐上，再淋上辣椒油，撒上香菜即可。

【营养功效】豆腐内含植物雌激素，常食可减轻血管系统的破坏，预防骨质疏松等症状的发生。

小贴士

优质豆腐选择：豆腐内无水纹、无杂质、晶白细嫩的属优质；内有水纹、有气泡、有细微颗粒、颜色微黄的属劣质豆腐。

剁椒蒸香干

主料：香干250克，剁椒90克。

辅料：姜、葱、盐、鸡精、香油各适量。

制作方法

1. 香干切成长条，锅中加香油，中火加热，将切好的豆干双面略煎，当切口变成淡黄色时盛盘；姜切丝，葱切末。
2. 把剁椒撒在已煎好的豆干上，放入盐、鸡精拌匀，铺上姜丝，淋数滴香油。
3. 将所有材料码好在蒸锅中，隔水用大火蒸20分钟，出锅后将所有材料拌匀，撒上葱末即可。

【营养功效】此菜富含钙等微量元素，能防止因缺钙引起的骨质疏松，促进骨骼发育。

小贴士

剁椒要炒香，香干要焯水除去异味。

麻辣豆腐干

主料：豆腐干300克。

辅料：干辣椒15克，盐4克，味精2克，花椒10克，食用油50毫升。

制作方法

1. 将豆腐干切成约1厘米见方的小丁；干辣椒切碎；花椒粒用食用油稍炸，擀碎待用。
2. 锅内倒食用油烧热，下豆腐干丁稍炸，捞出控油。
3. 原锅留油，放入碎干椒、花椒炝锅，倒入豆腐干丁炒匀，撒入盐、味精炒匀即可。

【营养功效】辣椒能刺激人的食欲，具有健脾开胃的功效。

小贴士

如果用老抽上色，色泽会更佳。

地耳烧豆腐

主料： 地耳10克，豆腐400克。

辅料： 大葱15克，姜块、花椒、食用油、蚝油、酱油、清汤、水淀粉、香油各适量。

制作方法

1. 把地耳放温水中浸泡至软，取出掐去根，用清水漂洗干净备用；将豆腐削去硬皮，改刀切成丁，放沸水锅内煮片刻除掉豆腥味，捞出沥净水分。
2. 把洗净的地耳撕成小块备用；大葱洗净，一半切成小粒，另一半切成小段；姜块去皮，切成小片。
3. 锅置火上，放食用油烧热，放入花椒、葱段和姜片炸至呈黄色，捞出不用，放入蚝油、酱油和清汤煮沸，放入豆腐丁和地耳块，用小火烧至汤汁将尽时，用水淀粉勾芡，撒上葱粒，淋入香油装盘即可。

【营养功效】 地耳含有丰富的蛋白质、钙、磷、铁，以及香树脂醇类、维生素C等，具有清热明目、收敛益气等功效。

小贴士

地耳因杂质较多，可加点醋放在清水中泡一泡，更方便去杂质。

回 锅 豆 腐

主料： 北豆腐250克。

辅料： 青椒50克，食用油20毫升，大葱、姜、大蒜、盐、味精、糖、豆瓣酱、酱油、料酒、香油各适量。

制作方法

1. 将豆腐切成长方形片，锅中放食用油烧热，将豆腐片炸至金黄色捞出。
2. 青椒洗净切成块；大葱、姜、大蒜均切成末备用。
3. 锅内放食用油，加入葱末、姜末、蒜末及豆瓣酱炒出香味，再放入料酒、糖、盐、酱油、味精调味，然后下入豆腐、青椒块炒2分钟左右，再淋入香油即可。

【营养功效】 北豆腐富含蛋白质、镁、钙等，能帮助降低血压和血管紧张度，预防心血管疾病的发生，还有强健骨骼和牙齿的作用。

小贴士

用中火炸的豆腐较鲜嫩，过火的豆腐吃起来很老。

凉拌油豆腐

主料：油豆腐200克。

辅料：香菜20克，大蒜、酱油各适量。

制作方法

1.油豆腐洗净，对切一半，放入沸水中氽烫，捞出沥干。
2.香菜洗净，和油豆腐一起摆在盘中，放冰箱冷藏。
3.食用时取出油豆腐，将大蒜去皮、切末，装在小碟中加酱油调匀，淋在油豆腐上，端出蘸食即可。

【营养功效】油豆腐富含优质蛋白、多种氨基酸、不饱和脂肪酸及磷脂、铁、钙等营养成分。

小贴士

爱吃辣的人也可以添加青椒丝、红椒丝拌匀。

辣椒拌豆腐

主料：嫩豆腐200克。

辅料：红辣椒1个，葱1根，芝麻酱、香油各1小匙。

制作方法

1.嫩豆腐以凉开水冲净，切片，排放在盘中备用。
2.葱、红辣椒洗净，均切丝，放在豆腐旁。
3.芝麻酱、香油放入小碗，加适量凉开水调拌均匀，淋在豆腐上即可。

【营养功效】红辣椒能促进血液循环，改善怕冷、冻伤、血管性头疼等症状。

小贴士

切辣椒时用一点食醋搓手，就不会辣手了。

芝麻酱拌豆腐

主料：嫩豆腐150克。

辅料：芝麻酱、榨菜末各50克，香油25毫升，糖、盐、味精、红辣椒丁各适量。

制作方法

1.豆腐切成1.5厘米的方丁。
2.将豆腐丁投入沸水锅内略烫，捞起，沥干水分。
3.芝麻酱用香油化开，放入盐、榨菜末、糖、味精、红辣椒丁拌匀，浇在豆腐丁上即可。

【营养功效】芝麻酱中含钙量比蔬菜和豆类都高得多，仅次于虾皮，经常食用对骨骼、牙齿的发育都大有益处。

小贴士

避免挑选瓶内有太多浮油的芝麻酱，因为浮油越少表示越新鲜。

丝瓜炒豆腐

主料： 豆腐500克，丝瓜350克。

辅料： 食用油100毫升，酱油35毫升，辣椒粉25克，盐、味精、淀粉、葱末、姜末各适量。

制作方法

1. 将豆腐切成1厘米见方的小丁；丝瓜去厚皮，削去柄梗和花蒂，切成1厘米见方的丁。
2. 锅内放食用油，烧至八成热，放入豆腐丁、丝瓜丁炸一下，捞出沥油。
3. 锅内放食用油，放入葱末、姜末、辣椒末煸炒，加入清水、盐、酱油、豆腐、丝瓜，烧焖片刻，用水淀粉勾芡，出锅即可。

【营养功效】丝瓜的营养价值很高，丝瓜中含有蛋白质、脂肪、碳水化合物、粗纤维、钙、磷、铁、瓜氨酸、B族维生素、维生素C等，有清热化痰、凉血解毒等功效。

小贴士
豆腐及丝瓜要分2次下锅炸，一次不要炸得太多，否则炸出的豆腐易碎，不利索。

芋头豆腐

主料： 豆腐、芋头各200克。

辅料： 淀粉、泡椒、花椒粉各10克，葱白25克，辣椒酱30克，香油、蚝油各10毫升，料酒15毫升，盐、生抽、味精、糖、五香粉、食用油、高汤各适量。

制作方法

1. 将芋头刮洗干净，切成滚刀块，用盐、五香粉拌匀，入笼蒸熟。
2. 豆腐切成片，投入八成热的油锅内炸至金黄色，捞出。
3. 泡椒去蒂，葱白洗净切节。
4. 锅置火上，放食用油烧至五成热，下辣椒酱、泡椒炒出味，加高汤、料酒、盐、糖、蚝油、生抽，倒入芋头块、豆腐片、葱白节烧入味，下水淀粉、花椒粉翻炒均匀，加味精，淋香油，起锅入盘即可。

【营养功效】芋头富含蛋白质、钙、磷、铁、钾、镁、胡萝卜素、烟酸、维生素C、B族维生素、皂角甙等多种营养成分，可助机体纠正微量元素缺乏导致的生理异常。

小贴士
芋头烹调时一定要烹熟，否则其中的黏液会刺激咽喉。

铁扒豆腐

主料：豆腐450克。

辅料：番茄酱30克，醋10毫升，糖15克，水淀粉、盐、食用油各适量。

制作方法

1. 将豆腐切成长方形片状。
2. 锅内加食用油烧热，下入豆腐片炸硬捞出。
3. 原锅倒食用油烧热，加入番茄酱、糖、醋、盐及少许水煮沸，加入豆腐片煨焖约8分钟，出锅装盘。
4. 余汁加食用油炒匀，用水淀粉勾芡，浇于豆腐片上即可。

【营养功效】豆腐内含植物雌激素，能保护血管内皮细胞不被氧化破坏，常食可减轻血管系统的破坏，预防骨质疏松、乳腺癌和前列腺癌的发生，是更年期妇女的保护神。

小贴士

豆腐不宜过量食用，否则会引起腹胀、恶心，但可用菠萝解。

翻山豆腐

主料：豆腐250克。

辅料：豆腐汁30克，食用油15毫升，香菜5克，辣椒酱适量。

制作方法

1. 豆腐稍浸沥干，入油锅炸透待用。
2. 点燃烧烤炉，放上炸豆腐用小火烤10~12分钟，期间不断刷食用油。
3. 待豆腐皮变硬后，切开，淋入豆腐汁，撒香菜，抹上辣椒酱，即可装盘。

【营养功效】豆腐不含胆固醇，为高血压、高血脂、高胆固醇症及动脉硬化、冠心病患者的药膳佳肴。也是儿童、病弱者及老年人补充营养的食疗佳品。

小贴士

豆腐含嘌呤较多，痛风病人及血尿酸浓度增高的患者慎食。

香干炒青蒜

主料：青蒜苗250克，香干200克。

辅料：盐、味精、食用油各适量。

制作方法

1. 将香干洗净，切成条形；将青蒜苗洗净，切段。
2. 锅中放食用油烧热，放入青蒜苗煸炒至翠绿色时，放入香干、盐炒熟。
3. 用味精调味，即可出锅。

【营养功效】青蒜苗富含蛋白质、脂肪、碳水化合物、膳食纤维，可美容养颜，乌发护发。

小贴士

青蒜如果煮的时间过长就会软烂，因此只要下锅使其均匀受热，以大火略炒至香气逸出即可，只有这样才能保持其清爽的口感。

美 味 腐 竹

主料：水发腐竹750克。

辅料：净冬笋50克，辣椒2个，葱15克，豆瓣酱50克，酱油15毫升，料酒25毫升，糖50克，香油25毫升，素汤500毫升，姜、醋、盐、味精、食用油各适量。

制作方法

1. 腐竹切成粗丝，用开水氽透，捞出沥去水分，辣椒切成丝，冬笋切成粗丝，葱、姜切细丝，豆瓣酱剁成细泥。
2. 炒锅置大火上，加食用油烧至七成热时，投入腐竹，炸至金黄色，倒入漏勺，沥净油。另起锅把辣椒丝炒至深红色，投入豆瓣酱、葱丝、姜丝煸出香味。
3. 待油色变红时，加素汤、糖、料酒、盐、酱油、腐竹丝、冬笋丝和醋烧沸，移小火上，加盖焖烧至汤汁不多时，起盖，移至大火，加味精，边烧边转动锅，边淋熟油至汁浓时，淋入香油，炒匀出锅，装盘即可。

【营养功效】与其他豆制品相比，腐竹的能量配比更加均衡，具有清热润肺、止咳消痰的功效。

小贴士
水发腐竹，用凉水浸泡6小时即可。

川香辣酱豆腐

主料：豆腐300克。

辅料：青椒、红椒各30克，花生仁20克，熟芝麻10克，酱油15毫升，辣椒油10毫升，盐、鸡精、食用油各适量。

制作方法

1. 豆腐洗净，切成三角片；青椒、红椒均去蒂洗净，切片。
2. 锅内注食用油烧热，下豆腐块炸至表面呈金黄色，捞起；锅底留油，下花生仁炒香，加入豆腐块翻炒，再放入青椒片、红椒片同炒。
3. 加辣椒油、酱油、盐和鸡精，撒上熟芝麻，起锅装盘即可。

【营养功效】辣椒含有一种特殊物质，能加速新陈代谢、促进荷尔蒙分泌、保健皮肤。

小贴士
辣椒是大辛大热之品，患有火热病症或阴虚火旺、高血压病、肺结核病、目疾、食管炎、胃肠炎、胃溃疡以及痔疮等的人应慎食。

芹菜香干

主料：芹菜250克，香干50克。

辅料：红尖椒、食用油、香油、味精、料酒、盐、葱末各适量。

制作方法

1.将芹菜洗净，去根、叶和老筋，切段；香干切细丝；红尖椒切丝。

2.将芹菜用开水焯一下，锅中倒入食用油，下葱末炝锅，放入芹菜煸炒至熟。

3.放入香干丝、红尖椒丝，烹料酒，加味精、盐，淋香油，翻炒片刻即可。

【营养功效】芹菜具有利湿止带、清热利尿之功效。

小贴士

挑选芹菜时，掐一下芹菜的杆部，易折断的为嫩芹菜，不易折的为老芹菜。

香干牛肉丝

主料：牛肉400克，香干200克。

辅料：青椒1个，红椒2个，淀粉、食用油、酱油、料酒、盐、糖各适量。

制作方法

1.香干洗净切丝；青椒、红椒分别去蒂、洗净，切丝备用；牛肉洗净切丝。

2.把牛肉丝放入碗中，加入酱油、料酒、淀粉、食用油拌匀并腌10分钟，再放入油锅中炒至七成熟，盛出。

3.将原锅内的余油烧热，放入香干丝、青椒丝略炒，加入红椒丝、盐、酱油、糖炒至入味，最后加入牛肉丝炒匀即可。

【营养功效】香干中含有丰富的蛋白质，可防止血管硬化、预防心血管疾病等。

小贴士

香干中钠的含量较高，糖尿病、肥胖或其他慢性病如肾脏病、高血脂患者慎食；老人、缺铁性贫血患者尤其要少食。

尖椒香干炒蜜豆

主料：尖椒60克，蜜豆60克，香干50克。

辅料：食用油、盐、香油各适量。

制作方法

1.将尖椒去籽，切丝；香干切丝。

2.大火热锅，放食用油烧至七成热，放入尖椒、蜜豆，炒至蜜豆熟。

3.放入香干丝，加盐及水，再炒片刻，淋上香油即可出锅。

【营养功效】尖椒含有抗氧化的维生素和微量元素，以及丰富的维生素C、维生素K，具有补脾、开胃、健脑、长智的功效。

小贴士

尖椒所含的辣椒素有刺激唾液和胃液分泌的作用，不宜一次让儿童吃得过多，多吃宜引发痔疮、疮疖等炎症。

主料：老豆腐350克。

辅料：蒜苗100克，食用油、盐、鸡精、淀粉、酱油、香油各适量。

制作方法

1.豆腐洗净，切块；蒜苗洗净，切段。

2.锅中注食用油烧至八成热，下豆腐两面煎至表面呈金黄色，捞出沥油。

3.锅底留油，放入蒜苗炒香，再加入煎过的豆腐同炒，调入盐、鸡精、酱油调味，用淀粉勾芡，淋上香油，出锅装盘即可。

【营养功效】蒜苗具有祛寒、散肿痛、杀毒气、健脾胃等功效。蒜苗对于心脑血管有一定的保护作用，可预防血栓的形成，同时还能保护肝脏。

小贴士

优质蒜苗大都叶柔嫩，叶尖不干枯，株棵粗壮，整齐，洁净不折断。蒜苗置于阴凉通风处可存放一周。

农家煎豆腐

主料：老豆腐300克，青椒、红椒各适量。

辅料：盐、味精、酱油、辣椒酱、香油、高汤、食用油各适量。

制作方法

1.豆腐洗净，切块；青椒、红椒均洗净，切片。

2.油锅烧热，放豆腐炸至金黄色捞出。

3.再热油锅，入青椒片、红椒片、辣椒酱炒香，放入豆腐翻炒，注入高汤煮沸，调入盐、味精、酱油拌匀，淋入香油即可。

【营养功效】辣椒的辣椒素是一种抗氧化物质，可阻止一些病变细胞的新陈代谢。

小贴士

火热病症、阴虚火旺、高血压病、肺结核病患者应慎食辣椒。

双椒豆腐

主料：老豆腐400克，酸菜50克。

辅料：酱油10毫升，盐、味精、青椒、红辣椒、油各适量。

制作方法

1.豆腐洗净，切长条；酸菜洗净，切碎；青椒、红椒洗净，切圈。

2.锅中注食用油烧热，放入豆腐煎成金黄色，再放入酸菜、青椒圈、红椒圈炒匀。

3.炒至熟后，加少许水焖干，加入盐、味精、酱油调味，起锅装盘即可。

【营养功效】酸菜富含维生素C、氨基酸、膳食纤维等营养物质，具有开胃的作用，同时能促进营养成分的吸收利用。

小贴士

要选择略带黄色的豆腐，色泽过于死白的豆腐不宜选购；酸菜只能偶尔食用，如果长期贪食，则可能引起泌尿系统结石。

酸菜老豆腐

香辣金银豆腐

主料：豆腐皮400克。

辅料：盐、葱、红辣椒、老抽、红油、食用油各适量。

制作方法

1.将豆腐皮洗净切成细条；葱洗净切段；红辣椒去蒂，洗净切条。

2.热锅下食用油，下红辣椒条炒香，再下豆腐条煸炒至熟，调入盐、老抽、红油炒匀，撒入葱段即可。

【营养功效】葱中含大蒜素，具有明显的抵御细菌、病毒的作用，尤其对痢疾杆菌和皮肤真菌抑制作用更强。

小贴士

葱可生吃，也可凉拌当小菜食用，作为调料，多用于荤、腥、膻以及其他有异味的菜肴、汤羹中，对没有异味的菜肴、汤羹也起增味增香作用。

农家豆腐

主料：老豆腐400克，瘦肉100克。

辅料：蒜苗、红辣椒各15克，盐、糖、生抽、高汤各适量。

制作方法

1.豆腐洗净，切成厚片；瘦肉洗净，切成条；蒜苗、红辣椒分别洗净，切成小段备用。

2.锅中加食用油烧至五成热，下入豆腐片煎至两面金黄色后，捞出沥油。

3.再次烧热油锅，下入瘦肉炒至变色后，再加入豆腐片、蒜苗段、红辣椒段翻炒均匀，然后加盐、生抽、糖调味，最后加入高汤煮至入味即可。

【营养功效】豆腐含有改善易胖体质、预防肥胖的成分。

小贴士

煎豆腐时不要乱翻动，煎好一边再翻则不容易粘锅。

川味香干

主料：烟熏香干250克，黄瓜25克。

辅料：蒜10克，生抽、红油各10毫升，盐、味精、食用油各适量。

制作方法

1.香干洗净，入盐水中煮熟，切成小片，摆放在盘中；黄瓜洗净，切成小片，放在香干旁做盘饰；蒜洗净，切末。

2.锅置火上，放食用油烧至六成热，下入蒜末炒香，再放入盐、生抽、红油、味精调匀，淋在香干上即可。

【营养功效】黄瓜中的黄瓜酶，有很强的生物活性，能有效地促进机体的新陈代谢。

小贴士

黄瓜可当水果生吃，但不宜过多。

主料：香干300克。

辅料：豆豉100克，青椒、红椒各50克，盐、鸡精、食用油各适量。

制作方法

1.香干洗净，切小块；青椒、红椒分别去蒂，洗净切块。

2.炒锅内加食用油烧热，放入豆豉、青椒块、红椒块炒香，加入香干块同炒。

3.调入盐和鸡精调味，起锅装盘即可。

【营养功效】豆豉含有丰富的蛋白质、脂肪，且含有人体所需的多种氨基酸，多种矿物质和维生素等营养物质，可以改善胃肠道菌群、帮助消化、预防疾病、延缓衰老。

小贴士

豆豉作为家常调味品，适合烹饪鱼肉时解腥调味。豆豉又是一味中药，风寒感冒、怕冷发热、寒热头痛、鼻塞喷嚏者宜食。

豆豉辣椒炒香干

主料：腐竹300克。

辅料：盐、蒜、辣椒酱、红油、酱油、食用油各适量。

制作方法

1.腐竹泡发洗净，切段；蒜去皮洗净，切末。

2.锅下食用油烧热，下蒜末炒香后，放入腐竹段滑炒片刻，调入盐、辣椒酱、红油、酱油翻炒均匀，待腐竹炒熟，起锅装盘即可。

【营养功效】腐竹中所含有的磷脂能降低血液中胆固醇含量，有防治高脂血症、动脉硬化的效果。

小贴士

腐竹是中国人很喜爱的一种传统食品，在四川也称豆皮、豆腐皮。它具有浓郁的豆香味，同时还有着其他豆制品所不具备的独特口感。

香辣腐竹

主料：萝卜苗150克，豆腐丝150克。

辅料：红尖辣椒10克，盐、香油、味精、食用油各适量。

制作方法

1.豆腐丝洗净，放沸水中煮熟，捞出沥干水分；萝卜苗择洗干净，放开水中烫熟；红尖辣椒切圈。

2.锅下食用油烧热，放入干辣椒爆香备用。

3.豆腐丝和萝卜苗放入盘内，加盐、味精、辣椒圈、香油拌匀即可。

【营养功效】患有牙周炎、口臭、扁桃体炎、牙龈出血时，每天含半匙香油可减轻症状。

小贴士

鱼骨卡住食管时，喝一点香油，可使鱼骨滑过食管粘膜，并易排出体外。

萝卜苗拌豆腐丝

乡土煎豆腐

主料：老豆腐400克。

辅料：红辣椒20克，酱油、醋、芹菜梗、食用油、盐、味精各适量。

制作方法

1. 豆腐洗净，切片；芹菜梗洗净，切段；红辣椒洗净，切圈。
2. 锅中注食用油烧热，放入豆腐片煎至金黄色，再放入芹菜段、红辣椒圈炒匀。
3. 注入适量清水，倒入酱油、醋煮沸后，调入盐、味精入味即可。

【营养功效】芹菜含铁量较高，能补充妇女经血的损失，食之能避免皮肤苍白、干燥、面色无华，而且可使目光有神，头发黑亮。

小贴士

芹菜也是一种理想的绿色减肥食品。因为当你嘴巴里正在咀嚼芹菜的同时，你消耗的热能远大于芹菜给予你的能量。

五香豆腐丝

主料：豆腐干400克，胡萝卜200克，芹菜100克。

辅料：盐3克，蛋清、胡椒粉、料酒、姜末、蒜末、鸡精、香油、淀粉、食用油各适量。

制作方法

1. 豆腐干洗净，切丝；胡萝卜洗净，切丝；芹菜洗净，切段。
2. 锅下食用油烧热，下姜末、蒜末炒香，放入胡萝卜丝、芹菜段滑炒片刻，放入豆腐丝，调入盐、鸡精、香油炒匀，起锅前用水淀粉勾芡，装盘即可。

【营养功效】芹菜经肠内消化作用产生一种木质素或肠内脂的物质，这类物质是抗氧化剂，高浓度时可抑制肠内细菌产生的致癌物质。它还可以加快粪便在肠内的运转时间，减少致癌物与结肠粘膜的接触，达到预防结肠癌的效果。

小贴士

芹菜以色泽鲜绿、叶柄厚、茎部稍呈圆形、内侧微向内凹者为佳。

熊掌豆腐

主料：老豆腐500克。

辅料：猪肉50克，青蒜苗25克，姜、蒜各10克，豆瓣酱15克，食用油300毫升，肉汤200毫升，料酒、酱油、味精、淀粉、香油各适量。

制作方法

1. 将猪肉和豆腐分别切片；青蒜苗切成马耳朵形；姜、蒜切片。
2. 炒锅置中火上，下食用油，将豆腐逐片铺于锅内煎烙成浅黄色，再下食用油继续煎并适时翻面，待豆腐两面成金黄色时铲起。
3. 锅内另下食用油烧至七成热，放入肉片炒散，加豆瓣酱炒香上色，放姜片、蒜片炒香，掺肉汤，下豆腐、酱油炒匀，加料酒煮沸，用小火煨入味，再加蒜苗、味精，以水淀粉勾芡推匀，收汁亮油，淋香油起锅入盘即可。

【营养功效】此菜营养丰富，有降低血脂、保护血管细胞、预防心血管疾病等功效。

小贴士

豆腐的大小、长短、厚薄要切均匀，不要煎得过老。"熊掌豆腐"是传统菜品，豆腐煎至两面金黄，像熊掌而得名。

香葱豆皮丝

主料：豆皮400克。

辅料：红辣椒丝5克，葱10克，红油10毫升，熟白芝麻、盐、鸡精、食用油各适量。

制作方法

1. 豆皮洗净，切成细丝；葱洗净，切丝。
2. 锅中加水烧沸，下入豆皮丝焯水至熟后，捞出装盘。
3. 烧热油锅，下入红辣椒丝、葱丝、熟白芝麻炒香后，倒入豆皮中，与红油、盐、鸡精一起拌匀即可

【营养功效】豆皮含有的大量卵磷脂，可防止血管硬化，预防心血管疾病，保护心脏；并含有多种矿物质，可补充钙质，防止因缺钙引起的骨质疏松，促进骨骼发育，对小儿、老人的骨骼生长极为有利。

小贴士

豆皮丝烫好后要自然放凉，不能用凉水过凉，否则水分过多会影响凉拌后的味道和口感。

豆花冒鹅肠

主料：鹅肠350克，豆腐脑150克。

辅料：芹菜30克，辣椒酱25克，食用油25毫升，鲜汤50毫升，味精、盐各适量。

制作方法

1. 鹅肠洗净，切成段；香芹洗净切碎备用。
2. 锅内放食用油烧热，下辣椒酱炒出香味，加入鲜汤、盐、味精、豆腐脑，煮至豆腐脑入味后捞出，装入盘中。
3. 汤煮沸，放入鹅肠段，煮至八成熟时捞出，盛于豆腐脑上，浇上原汤，撒上芹菜末即可。

【营养功效】鹅肠具有益气补虚、温中散血、行气解毒的功效。

小贴士

挑选鹅肠时，以颜色乳白、外观厚粗者为佳。

蚝油豆腐

主料：豆腐500克。

辅料：木耳5克，花椒、葱段、姜片、食用油、蚝油、酱油、糖、清汤、水淀粉、香油各适量。

制作方法

1. 将豆腐削去硬皮，改刀切成1厘米大小的丁备用；木耳用温水泡软，撕成小块；锅置火上，放清水烧沸，放入豆腐丁煮片刻去掉豆腥味，捞出沥净水分。
2. 锅置火上，放食用油烧热，放入花椒、葱段和姜片炸至呈黄色，捞出不用，放入蚝油、酱油、糖和清汤烧沸。
3. 再把豆腐丁和木耳放入烧沸的锅内，用小火烧至汤汁将尽时，放水淀粉勾芡，淋入香油，出锅装盘即可。

【营养功效】蚝油富含牛磺酸，具有增强人体免疫力等多种保健功效。

小贴士

蚝油不宜久煮，以免失去鲜味。

肉末番茄豆腐

主料：南豆腐100克，瘦肉末、番茄酱各10克。

辅料：蒜蓉、葱花、盐、淀粉、食用油各适量。

制作方法

1. 豆腐切小丁，焯去豆腥味。
2. 炒锅加食用油，放瘦肉末炒至八成熟。
3. 炒锅加食用油炒烧热，放葱花、蒜蓉和番茄酱炒香，下入瘦肉末和豆腐炒熟，调味，略炖，用水淀粉勾芡即可。

【营养功效】此菜富含蛋白质，其中谷氨酸含量丰富，对宝宝大脑发育有益。

小贴士

番茄酱开封后，应尽快食用完，期间要密封冷藏。

汤类

煲汤注意事项

煲汤五要点

1.配水要合宜。

水既是鲜香食品的溶剂，又是传热的介质。水温的变化、用量的多少，对汤的风味有着直接的影响。用水量通常是煲汤的主要食品重量的3倍，同时应使食品与冷水一起受热，即不直接用沸水煨汤，也不中途加冷水，以使食品的营养物质缓慢地溢出，最终达到汤色清澈的效果。

2.选料要得当。

可根据个人身体状况选择温和的汤料。如身体火气旺盛，可选择绿豆、海带、冬瓜、莲子等清火、滋润类的中草药；身体寒气过盛，那么就应选择参类作为汤料。

3.佐料不必着急下。

食盐不宜过早放入汤内，以免食材水分散失和加快蛋白质凝固，影响汤的鲜味。酱油也不宜早加，其他的佐料，像葱、姜、料酒也不宜放得太多，否则会影响汤汁本身的鲜味。

4.火候要适当。

煲汤火候的要诀是大火煮沸，小火慢煨。这样可使食物蛋白质浸出物等鲜香物质尽可能地溶解出来，使汤鲜醇味美。只有用小火长时间慢炖，才能使浸出物溶解得更多，既清澈，又浓醇。

5.冷水一次要加足。

煲汤时冷水要一次加足，若中途添加冷水，会使汤汁的温度骤然下降，破坏了原来的原料与水共热的均衡状态，并使食材外部的蛋白质易产生凝固，降低汤的鲜味。

煲汤七大诀窍

1.必须使用容积较大的砂锅（大肚小口最佳），一旦放水就不再添水，中火煮沸后，用小火煲两个小时以上，且只有砂锅才能煲出独特的鲜味。

2.应放足够的姜。

3.必须使用鲜肉，并须含少量脂肪。

4.必须放一两样清热、利湿、健脾之物，如藕、百合、西洋菜、马蹄、山药、萝卜等。

5.必须放一两样甘甜之物，如几枚红枣、蜜枣、少量葡萄干或桂圆干。另可视不同需要加入西洋参、黄芪、枸杞子、当归等。

6.可适当加入一两样茎、菌类及干果类，如霸王花、黄花、香菇、黑白木耳、花生、白果、莲子等。

7.煲汤要尽量少放盐，不放或少放味精。

部分常用煲汤药材及功效

玉竹：养阳润燥、生津、清热。

川贝：润心肺、清热痰。

百合：补肝肺清热益脾。（清水浸1小时）

夏枯草：清肝热、降血压。（最多煲2小时）

生地：凉血解毒、利尿。

罗汉果：清肺润肠。

老苋菜梗：解毒清热、补血止血、通利小便。

白果：益肺气。（去壳，入滚水5分钟取起去衣，去心）

芡实：补肾固精、健脾止泻。

无花果：润肺清咽、健胃清肠。（切片）

甘蔗：润燥、和胃、清热解毒，可辟去蛇等腥味。

土茯苓：清热去湿、解毒利尿。

当归：补和血、调经止痛。 当归

天麻：祛风、定惊。

冬虫草：补损虚、益精气、化痰。

怎样喝汤有讲究

　　汤是中华美食的一大特色，也是中华饮食的重要组成部分。在我们所吃的各种食物中，汤是既富于营养又最易消化的一种。美国营养学家的一项调查表明，在6万多接受营养普查的人中，那些营养良好的人，正是经常喝汤的人。

　　然而，喝汤并不是一件很简单的事，只有科学地喝汤，才能既吸收营养，又避免脂肪堆积。

　　1.饭前喝、饭后喝差别很大。喝汤的时间很有讲究，俗话说"饭前喝汤，苗条又健康；饭后喝汤，越喝越胖"，这是有一定道理的。

　　饭前先喝几口汤，将口腔、食道润滑一下，可以防止干硬食品刺激消化道黏膜，有利于食物稀释和搅拌，促进消化、吸收。最重要的是，饭前喝汤可使胃内食物充分贴近胃壁，增强饱腹感，从而抑制摄食中枢，降低人的食欲。

　　饭后喝汤是一种有损健康的吃法。一方面，饭已经吃饱了，再喝汤容易导致营养过剩，造成肥胖；另外，最后喝下的汤会把原来已被消化液混合得很好的食糜稀释，影响食物的消化吸收。

　　2.中午喝汤不易长胖。早、中、晚哪一餐更适合喝汤？有专家指出，"午餐时喝汤吸收的热量最少"，因此，为了防止长胖，不妨选择中午喝汤。而晚餐则不宜喝太多的汤，否则快速吸收的营养堆积在体内，很容易导致体重增加。

　　3.最好选择低脂肪食物做汤料。要防止喝汤长胖，应尽量少用高脂肪、高热量的食物做汤料，如老母鸡、肥鸭等。即使用它们做汤料，最好在炖汤的过程中将多余的油脂撇出来。而瘦肉、鲜鱼、虾米、去皮的鸡或鸭肉、兔肉、冬瓜、丝瓜、萝卜、魔芋、番茄、紫菜、海带、绿豆芽等，都是很好的低脂肪汤料，不妨多选用。

　　4.喝汤速度越慢越不容易胖。慢速喝汤会给食物的消化吸收留出充足的时间，感觉到饱了时，就是吃得恰到好处时；而快速喝汤，等意识到饱了，摄入的食物已经超过所需要的量。

酸辣鸭血豆腐汤

主料：熟鸭血200克，豆腐200克，火腿30克，丝瓜100克。

辅料：红油30毫升，虾油10毫升，姜12克，葱白20克，醋、胡椒粉、盐、淀粉、味精各适量。

制作方法

1. 豆腐切成粗丝，放入沸水锅内汆一下捞出；丝瓜刮去粗皮洗净，切成粗丝；葱白切段；姜切片。
2. 熟鸭血用刀片去除面上的蜂窝眼部分，切成同豆腐丝一样粗细的丝；火腿切细丝。
3. 炒锅置火上，加入清汤、姜片、葱白段，打尽料渣，放入豆腐丝、鸭血丝、丝瓜丝、火腿丝、盐、胡椒粉煮入味，加水淀粉勾芡推匀，加入红油、虾油、味精、醋起锅即可。

【营养功效】丝瓜中含防止皮肤老化的B族维生素，增白皮肤的维生素C等成分，能保护皮肤、消除斑块，使皮肤洁白、细嫩。

小贴士

慢性痢疾者，用蜡煎白豆腐食用，心烦体热者，用热豆腐细切片，遍身敷贴，冷即调换。

滋补老鸭汤

主料：鸭500克，枸杞子10克，冬瓜50克，萝卜30克，海带20克。

辅料：盐、胡椒粉、料酒、葱白、姜片、味精、食用油各适量。

制作方法

1. 将鸭洗净，切成块；冬瓜、萝卜切成块。
2. 锅置大火上，下食用油烧至七成热，放入鸭块，炒至金黄色，香气扑鼻，加料酒。
3. 炖盅至火上，一次性放入清水，将炒好的鸭块、枸杞子、冬瓜、萝卜放入炖盅中清炖1小时，关火。将盐、胡椒粉、葱白、姜片、味精加入炖盅，用小火煮3分钟即可。

【营养功效】冬瓜含有较多的蛋白质、糖以及少量的钙、磷、铁等矿物质和维生素B_1、维生素B_2、维生素C及尼克酸，其中维生素B_1可促使体内的淀粉、糖转化为热能，而不变成脂肪，有助减肥。

小贴士

枸杞子可以提高皮肤吸收氧分的能力，能起到美白作用。

主料：鸭1000克。

辅料：酸萝卜炖老鸭调料50克。

制作方法

1.将鸭洗净斩块，放入盘中备用。

2.锅置火上，将辅料倒入锅内。

3.放入斩件的鸭块，加入大量清水，大火煮沸，再中小火炖1.5小时即可。

【营养功效】此汤具有解暑降火、滋阴美容、滋补强身等功效。

小贴士

辅料包味道很足，不需再用别的调味料。

酸萝卜鸭汤

主料：腊肉150克，豆腐500克，竹笋100克。

辅料：葱花、姜片、料酒、盐、味精、食用油各适量。

制作方法

1.腊肉洗净，浸入清水，去除部分咸味，捞出后放入碗中，加葱花、姜片、料酒，上屉蒸20分钟取出，晾凉后切成片。

2.竹笋、豆腐均切成片。

3.锅置火上，放入清水、腊肉片、竹笋片，煮沸后放入盐、味精、豆腐片，再煮沸撒入葱花，淋上食用油，盛入大汤碗即可。

【营养功效】腊肉含有脂肪、蛋白质、碳水化合物、磷、钾、钠等营养成分，有健脾开胃等功效。

小贴士

胃溃疡、十二指肠溃疡患者禁食腊肉。

腊肉豆腐汤

主料：鸡蛋4个，水发木耳50克，菜心100克。

辅料：盐4克，食用油75毫升，味精2克，浓白汤1000毫升。

制作方法

1.将鸡蛋磕入碗内，调匀；木耳择洗干净。

2.汤锅置火上，放食用油烧热，鸡蛋入锅，煎至两面微黄，当蛋质松软时，用勺将鸡蛋捣散，加入汤，再下盐、木耳、菜心、味精煮沸，入味后淋上熟油即可。

【营养功效】此汤富含蛋白质、磷、铁等营养成分。

小贴士

选购鸡蛋时，蛋壳上附着一层霜状粉末，蛋壳颜色鲜明，气孔明显的是鲜蛋；陈蛋正好与此相反，并有油腻。

成都蛋汤

酸辣豆腐羹

主料： 豆腐300克，香菇、豆芽各60克。

辅料： 红油、香菜、盐、鸡精、醋、胡椒粉、淀粉各适量。

制作方法

1. 将豆腐、香菇分别洗净，切成丝；香菜洗净，切段；豆芽摘洗干净。
2. 锅中加水烧沸后，分别下入豆腐丝、香菇丝、豆芽焯一下后捞出。
3. 原锅烧热，放入高汤、盐、鸡精、醋、胡椒粉，烧沸后，倒入豆腐丝、冬笋丝、豆芽再次煮沸，用水淀粉勾薄芡，再撒上香菜段，淋上少许红油即可。

【营养功效】此菜有益中气、和脾胃、健脾利湿等功效。

小贴士
脑力工作者、经常加夜班者非常适合食用豆腐。

虾仁冬瓜汤

主料： 虾仁50克，冬瓜300克。

辅料： 香油、盐各适量。

制作方法

1. 虾仁洗净，沥干水分放入碗内。
2. 冬瓜洗净，去皮、心，切成小块；虾仁随冷水入锅煮至酥烂，加冬瓜同煮至冬瓜熟，加盐调味后盛入汤碗，淋上香油即可。

【营养功效】此汤具有利尿消肿、清热解暑等功效。

小贴士
冬瓜性寒凉，脾胃虚寒易泄泻者慎用。

花生凤爪汤

主料： 凤爪200克，花生仁50克。

辅料： 料酒、姜片、盐、味精、鸡油各适量。

制作方法

1. 将凤爪剪去爪尖，清水洗净。
2. 将花生仁放入温水中浸30分钟，换清水洗净。
3. 把锅洗净，加入清水适量，用大火煮沸，放凤爪、花生仁、料酒、姜片、锅加盖，煮30分钟后，放入盐、味精，小火焖煮一会儿，淋上鸡油即可。

【营养功效】花生含有丰富的脂肪、卵磷脂、维生素A、维生素B、维生素E、维生素K，以及钙、磷、铁等元素，食用此汤能增强记忆、抗老化、延缓脑功能衰退、滋润皮肤等。

小贴士
在花生的诸多吃法中以炖吃为最佳，既避免了营养素的破坏，又不温不火、易于消化。

主料：猪血、豆腐各250克，鲜虾100克，香菇30克。

辅料：盐3克，酱油10克，陈醋6克，姜丝5克，淀粉、食用油各适量。

制作方法

1. 将猪血、豆腐分别洗净，切成小块；鲜虾剪去虾须，洗净；香菇泡发，洗净，切成细丝。
2. 油锅烧热，先下入姜丝炒香后，再下入鲜虾炒至变色，然后加入适量水烧开。
3. 再放入猪血、豆腐、香菇丝一起煮至熟，再加盐、酱油、陈醋调味，出锅时以水淀粉勾芡即可。

【营养功效】猪血中含铁量较高，容易被人体吸收利用。

小贴士

猪血不要让凝块破碎，除去黏附的猪毛及杂质，放入开水一余，切块即可。

猪血豆腐鲜虾汤

主料：羊腿600克，土豆300克，青萝卜、胡萝卜各200克。

辅料：酱、花椒、盐、姜、白胡椒粉、香菜各适量。

制作方法

1. 羊腿洗净，斩件；姜切大块拍碎；青萝卜、胡萝卜、土豆去皮，切大块。
2. 羊腿过开水捞入汤煲，加适量清水和花椒，大火加热。
3. 把青萝卜块、胡萝卜块、土豆块放入汤煲，大火煮沸，撇去泡沫，转中小火慢慢煲1小时以上。
4. 出锅时酌量加盐和白胡椒粉、香菜调味即可。

【营养功效】羊肉最适宜于冬季食用，故被称为冬令补品。此汤能暖中补虚、补中益气、开胃健身。

小贴士

红酒和羊肉相克，一起食用后机体会产生不良的化学反应。

青红萝卜炖羊肉

主料：天麻15克，猪脑一副。

辅料：枸杞子、葱段、姜片、料酒、花椒水、糖、味精、香油、盐各适量。

制作方法

1. 天麻洗净，放入碗内，加入料酒、糖上笼蒸约40分钟，取出切片。
2. 猪脑放入沙锅内，加入花椒水、葱段、姜片、盐和沸水，大火炖熟。
3. 拣去葱段、姜片，加入天麻片、味精，煮沸后淋入香油即可。

【营养功效】此汤有治疗眩晕眼花、头风头痛、神经衰弱的功效，但血脂过高、动脉硬化等病人则不宜食用。

小贴士

天麻长圆扁稍弯，点状环纹十余圈；头顶茎基鹦哥嘴，底部疤痕似脐圆。

天麻炖猪脑

大肠汤

主料：猪肠350克，木耳、豆芽各100克。

辅料：豆瓣酱25克，冰糖5克，酱油10克，料酒6克，盐、鸡精、高汤、葱段、香菜、食用油各适量。

制作方法

1.猪肠仔细翻洗干净，切成段，然后下入沸水锅中焯至五成熟时，捞出备用；木耳泡发，去蒂后，切成小朵；豆芽摘洗干净。

2.油锅烧热，下入豆瓣酱、冰糖、酱油、料酒、葱段炒约1分钟，再加入高汤烧开。

3.然后下入猪肠、木耳、豆芽烧至熟软，加盐、鸡精调味，出锅时撒上香菜段即可。

【营养功效】此汤有润燥、补虚、止渴止血之功效。

小贴士

感冒、脾虚便溏者忌食。

羊腿炖萝卜

主料：羊腿400克，萝卜500克。

辅料：葱、姜、盐、花椒、大料各适量。

制作方法

1.锅内加水烧开，把羊腿放进去余水，撇去浮沫，捞出；萝卜切块，姜拍破，葱切段。

2.锅里放羊腿、萝卜块、葱段、姜，煮沸，放花椒、大料，小火炖1小时，放盐即可。

【营养功效】此汤具有清热生津、凉血止血、下气宽中等功效。

小贴士

此汤适宜腹胀停食、腹痛、咳嗽、痰多的人食用。

水煮活鳜鱼

主料：鳜鱼400克，生菜叶100克。

辅料：盐、胡椒粉、糖、老抽、料酒、红油、淀粉、葱段、花椒、干辣椒、香菜叶各适量。

制作方法

1.鳜鱼治净，取肉切片，加盐、胡椒粉、料酒、水淀粉腌渍；生菜叶洗净，盛入碗中；干辣椒洗净，切段。

2.锅内入食用油烧热，入葱段爆香后捞除，再入花椒炒出香味，注入适量高汤以大火烧沸，调入盐、糖、老抽、料酒、红油拌匀。

3.加入腌好的鱼片划散，待煮熟入味后，起锅盛入装有生菜叶的碗中。

4.再热油锅，放入干辣椒炸香后，将热油淋在鱼片上，撒上香菜叶即可。

【营养功效】鳜鱼有"痨虫"的作用，有利于肺结核病人的康复。

小贴士

鳜鱼肉热量不高，富含抗氧化成分，对于贪恋美味、想美容又怕肥胖的女士是极佳的选择。

主料：排骨1000克，苦瓜200克，黄豆50克。

辅料：老姜、盐、料酒、花椒各适量。

制作方法

1. 排骨洗净沥水；苦瓜洗净切大块；老姜洗净切片；黄豆泡水胀开。
2. 锅内放水煮沸，下姜片、排骨，大火煮沸，撇去浮沫，倒入料酒，撒入花椒，转中火，盖上盖子，炖约20分钟。
3. 捞出花椒，放入苦瓜，小火煲1.5小时，加盐调味即可。

【营养功效】此汤具有健脾利湿、益血补虚等功效。

小贴士

脾虚者以及常出现遗精的肾亏者不宜多食。

黄豆苦瓜排骨汤

主料：猪肚1个，竹笋300克。

辅料：大料、花椒、葱段、姜片、盐、料酒、胡椒粉各适量。

制作方法

1. 猪肚洗净，用沸水焯一下，将大料、花椒装进猪肚内，两头用绳子系好；竹笋去皮洗净，切滚刀块。
2. 锅内倒入少量水，放入猪肚、葱段、姜片、盐、料酒炖熟。
3. 取出猪肚，切条，放入汤中，加入竹笋块，炖至竹笋熟烂，出锅前撒上胡椒粉即可。

【营养功效】竹笋含水量高，其味清香鲜美，具有清热化痰、益气和胃等功效。

小贴士

肥胖和习惯性便秘的人尤为适合食用此汤。

竹笋猪肚汤

主料：草鱼1000克。

辅料：葱末、姜末、蛋清、花椒粉、白胡椒粉、盐、鸡精、香菜末、香油各适量。

制作方法

1. 草鱼宰杀，除去内脏杂物，剪掉鱼鳍和鱼尾，用刀贴着鱼皮把鱼肉刮掉，再剁成鱼糜。
2. 剁好的鱼糜，加蛋清、葱末、姜末、花椒粉、胡椒粉、盐、鸡精、香油，搅拌捏成鱼肉丸。
3. 锅里加水，水沸后放鱼丸煮5分钟，撒上香菜末，淋香油即可。

【营养功效】鱼丸肉嫩而不腻，可以开胃、滋补，具有益眼明目、温补健身等功效。

小贴士

此汤适宜虚劳、风虚头痛、肝阳上亢、高血压患者饮用。

清水鱼丸汤

胡椒南瓜猪肚汤

主料：南瓜400克，猪肚1个，薏米100克。

辅料：大料、花椒、胡椒粉、葱、姜、盐、香油各适量。

制作方法

1.南瓜切菱形块，葱切段，姜切片。

2.将猪肚用盐水洗净，再用清水冲洗干净，放入锅内，加清水煮，放入葱段、姜片、花椒、大料。

3.将煮熟的猪肚捞出切片，锅内加水，放入猪肚片、南瓜块、泡好的薏米，大火煮沸。

4.将煮熟的猪肚薏米汤盛出，放入胡椒粉，上蒸锅，盖上保鲜膜蒸10分钟即可。

【营养功效】南瓜内含有维生素和果胶，果胶有很好的吸附性，食用此汤具有补中益气、消炎止痛等功效。

小贴士

此汤适宜支气管哮喘及老年慢性支气管炎患者饮用。

豆腐泡菜汤

主料：老豆腐200克。

辅料：泡菜、培根、花椒、葱段、姜片、辣椒、盐、食用油各适量。

制作方法

1.豆腐切块，放油锅中煎至两面金黄，取出备用；辣椒切末。

2.另取一锅，放入花椒和适量的食用油，熬出花椒香味，取油，滤掉花椒。

3.花椒油加葱段、姜片稍煸炒，加入培根和泡菜，炒到培根出油，加辣椒末、高汤、豆腐，中火烧几分钟即可。

【营养功效】泡菜含有丰富的维生素和钙、磷等无机物，能为人体提供充足的营养，食用此汤可促进人体对铁元素的吸收，又能预防动脉硬化等疾病，同时具有开胃消食等功效。

小贴士

脾胃虚寒、痔疮患者不宜多吃泡菜。

猪心红枣汤

主料：猪心1个。

辅料：红枣25克，桂圆、葱段、姜片、花椒、大料、料酒、盐各适量。

制作方法

1.猪心洗净，一切为二，挤出血水，冲洗干净。

2.锅内放猪心、适量清水，放入葱段、姜片、料酒、花椒、大料，小火煮约30分钟，捞出猪心晾凉，切成薄片，放回汤中。

3.汤里放入红枣和桂圆煮30分钟，加盐即可。

【营养功效】此汤富含有蛋白质、脂肪、硫胺素、核黄素、尼克酸等成分，具有补气活血、养心润肺的功效，有利于功效性或神经性心脏疾病的痊愈。

小贴士

猪心适宜心虚多汗、自汗、惊悸恍惚者食用。

主料：虾250克，大白菜200克。

辅料：盐、胡椒粉、老抽、料酒、红油、豆瓣酱、香油、花椒、葱、干辣椒、食用油各适量。

制作方法

1. 虾治净；葱洗净，切碎粒；干辣椒洗净，切小段；豆瓣酱剁碎。
2. 大白菜洗净，放入加有盐的沸水锅中稍烫花后捞出，盛入碗中。
3. 锅置火上，入食用油烧热，放入虾炸至变色时捞出。
4. 锅内留油烧热，入花椒、干辣椒段、豆瓣酱爆香后，注入适量清水烧开，调入盐、胡椒粉、老抽、料酒、红油拌匀，倒入炸过的虾煮至入味，起锅盛入装有大白菜的碗中，撒上葱粒，淋上香油即可。

【营养功效】虾营养丰富，且其肉质松软，易消化，对身体虚弱以及病后需要调养的人是极好的食物。

小贴士

患过敏性鼻炎、支气管炎、反复发作性过敏性皮炎的老年人不宜吃虾。

秘制水煮虾

主料：蚕豆400克，香叶20克。

辅料：盐、味精、糖、干辣椒、豆蔻、八角、姜片、葱段、高汤、食用油各适量。

制作方法

1. 将蚕豆洗净，焯水去掉豆腥味后，捞出沥干。
2. 再加食用油烧热，将蚕豆过一下油后盛出装碗。
3. 锅内放高汤烧沸，加盐、味精、糖调味，再下入蚕豆，装碗，加入干辣椒、豆蔻、八角、姜片、葱段，淋热油，撒上香叶即可。

【营养功效】蚕豆中含有调节大脑和神经组织的重要成分钙、锌、锰、磷脂等，并含有丰富的胆石碱，有增强记忆力等功效。

小贴士

蚕豆性滞，不可生吃，应将生蚕豆多次浸泡或焯水后再进行烹制。

油浸蚕豆

主料：萝卜150克，海带、木耳、笋干、猪瘦肉各50克。

辅料：红辣椒、料酒、姜、酱油、香油、胡椒粉、白醋、盐、味精、淀粉、食用油各适量。

制作方法

1. 将海带、木耳、笋干用温水泡发，均切成丝；萝卜切粗丝；猪瘦肉切丝，加盐、料酒、淀粉和水拌匀。
2. 炒锅上火放食用油，烧至五成热，爆香姜丝，倒入肉丝炒熟，再加入萝卜丝、海带丝、木耳丝、笋干丝煸炒。
3. 然后加适量清水，煮沸后加酱油、白醋、味精、胡椒粉调味，再用水淀粉勾透明的薄芡，淋上香油，出锅装碗即可。

【营养功效】此汤具有健胃消食、化痰止咳、利尿、清热、生津、解酒等功效。

小贴士

凡服中药人参、党参、黄芪等补气药时不可食萝卜，以免药效相反，起不到补益作用。

五丝酸辣汤

椰盅鸡球汤

主料：椰子1个，鸡脯肉200克。

辅料：莲子50克，白果仁10克，藕粉25克，鲜牛奶、盐、姜片、料酒、鸡汤、食用油各适量。

制作方法

1.将鸡脯肉去筋络，洗净剁糜，加入藕粉、盐搅匀，挤成小丸子。

2.莲子、白果仁洗净，下油锅炒至半熟；鸡汤加盐、姜片、料酒煮一下待用。

3.将椰子顶部剖开，挖去瓤，将鸡球、莲子、白果仁、鸡汤、牛奶放入，盖上顶盖，放入锅中，隔水炖至鸡球熟透即可。

【营养功效】椰子含有丰富的营养成分。此汤具有补益脾胃、生津利水等功效。

小贴士

用新鲜的椰子烹调，味道要比罐装的好。

白菜丸子汤

主料：小白菜500克，猪肉100克。

辅料：细粉丝50克，鸡蛋清50毫升，料酒、葱末、姜末、高汤、胡椒粉、味精、盐、食用油各适量。

制作方法

1.小白菜洗净切开，在热油锅中略炒盛出；猪肉剁成肉馅。

2.肉馅加少许葱末、姜末、鸡蛋清、盐、味精搅匀，挤成小丸子，下入沸水锅中汆熟取出。

3.汤锅置火上，下入高汤、盐、味精、料酒，煮沸后下入丸子和小白菜、细粉丝，煮沸，盛入汤碗中即可。

【营养功效】白菜含有丰富的营养成分，有清热解毒、消肿止痛、调和肠胃等功效。

小贴士

烹制时，丸子要做得大小均匀，肉馅顺一个方向搅动，使之上劲。

豌豆苗鸡丝汤

主料：鸡脯肉150克，豌豆苗100克。

辅料：胡萝卜30克，鸡清汤500毫升，盐适量。

制作方法

1.将鸡脯肉洗净，切成丝；豌豆苗洗净；胡萝卜洗净，切丝。

2.将鸡汤放入锅内，煮沸，加入鸡肉丝、胡萝卜丝，煮约1分钟。

3.加盐调味，然后加入豌豆苗，煮沸即可。

【营养功效】豌豆苗含有丰富的钙和维生素，此汤具有和中、下气、利水、通乳等功效。

小贴士

胡萝卜以质细味甜，脆嫩多汁，表皮光滑，形状整齐，心柱小，肉厚，无裂口和病虫伤害的为佳。

主料：菠菜500克，肉丸100克。

辅料：高汤2500毫升，酱油15毫升，味精、姜末、盐、食用油各适量。

制作方法

1.将菠菜洗净，切1厘米左右长的段，并用开水略焯捞出，放入凉水中冲凉控干水。
2.锅内加水煮沸，下入肉丸烫熟，盛盘待用。
3.锅内放食用油，置火上烧热，加姜末、酱油，烹出香味，随即倒入高汤，加盐、味精、菠菜段、肉丸，待汤煮沸后即可。

【营养功效】菠菜含有蛋白质、胡萝卜素和多种维生素，有一定的补血和止血的作用。

小贴士

肠胃虚寒腹泻者应少食菠菜，肾炎和肾结石患者不宜食菠菜。

菠菜肉丸汤

主料：鲫鱼250克，豆腐200克。

辅料：猪肉馅50克，食用油、葱花、姜末、蒜、盐、高汤、味精、料酒各适量。

制作方法

1.将豆腐切块，用开水烫一下；鲫鱼收拾干净，两面都剞上花刀。
2.将猪肉馅和葱花、姜末、盐、料酒拌匀，酿入鱼肚内。
3.炒锅上火烧热，加食用油，用葱花、姜、蒜炝锅，加入高汤，煮沸后放入鱼和豆腐，加适量的盐，用大火炖，鱼熟后放入味精调味即可。

【营养功效】此汤富含蛋白质，而脂肪、碳水化合物含量少，具有益气健脾、利水消肿、清热解毒、通脏下乳、理气散结、升清降浊等功效。

小贴士

食用鲫鱼时，不能同时食用猪肝，两者同吃具有刺激作用。

酿鲫鱼豆腐汤

主料：排骨、冬瓜各500克，白贝250克。

辅料：姜、盐、食用油、味精各适量。

制作方法

1.冬瓜切块；排骨刹长段；姜拍破。
2.将排骨放入沸水锅中焯去血水。
3.锅内放食用油烧热，放排骨与冬瓜爆香，加入白贝、姜，加适量水煲30分钟，加盐、味精调味即可。

【营养功效】此汤富含蛋白质、脂肪、维生素、磷酸钙、骨胶原、骨粘蛋白等，具有滋阴壮阳、益精补血的功效。

小贴士

排骨要选肥瘦相间的，不能选全部是瘦肉的，否则肉中没有油脂，蒸出来的排骨口味一般。

白贝冬瓜排骨汤

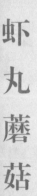

肉丸三丝汤

主料：牛肉丸、胡萝卜、白萝卜各200克。

辅料：葱、盐、香油、味精各适量。

制作方法

1.胡萝卜、白萝卜均洗净，切丝。

2.将牛肉丸放入水中煮熟，加胡萝卜丝、白萝卜丝，煮开后加盐、味精调味。

3.最后加入葱丝，淋香油即可。

【营养功效】此汤营养丰富，为食疗佳品，具有消积滞、化痰清热、下气宽中等功效。

小贴士

萝卜是一种常见的蔬菜，生食熟食均可，其味略带辛辣。

雪菜肉丝汤

主料：猪瘦肉200克，笋50克，雪菜100克。

辅料：盐5克，高汤、料酒、味精、香油各适量。

制作方法

1.将猪瘦肉、笋均切成6厘米长的细丝，雪菜洗净切成细末。

2.将炒锅置火上，加入高汤，取肉丝、笋丝下锅，搅散后放入雪菜末。

3.加入料酒、味精、盐，待煮沸后，撇去浮沫，淋香油，起锅装入汤碗内即可。

【营养功效】此汤含有丰富的胡萝卜素、纤维素及维生素C和钙等，具有提神醒脑、解除疲劳等功效。

小贴士

雪菜含大量膳食纤维，不易消化，小儿消化功能不全者不宜多食。

虾丸蘑菇汤

主料：鲜蘑菇250克，虾仁150克，生菜心150克。

辅料：姜、料酒、盐、味精、鲜汤各适量。

制作方法

1.鲜蘑菇洗净，入沸水锅中焯透沥水，切成丁；生菜心切段；虾仁洗净剁成虾蓉，放入碗内，加水、料酒、盐搅匀成虾仁馅料。

2.在沙锅内放入大半锅水，将虾仁馅挤成丸子放入锅内，用小火慢慢煮熟，然后用漏勺捞出。

3.炒锅上火，倒入鲜汤，下蘑菇丁、料酒、盐、生菜心段、味精烧沸，再下虾仁丸子，待再沸时盛入大汤碗即可。

【营养功效】虾肉含有虾青素，它是一种天然抗氧化剂，具有抵抗紫外线辐射、预防心血管疾病、增强免疫力、缓解运动疲劳、抗炎抗感染等功效。

小贴士

建议选用平菇烹饪本汤。

主料：烤鸭500克，酸菜200克。

辅料：粉丝、葱段、姜片、盐、花椒、大料、辣椒油、腐乳、姜醋汁各适量。

制作方法

1. 将烤鸭切条；酸菜洗净切丝；粉丝剪断，用温水泡至回软备用。
2. 将上述原料分层次装入沙锅中，加盐、花椒、大料、葱段、姜片、清水盖严，煮约10分钟。
3. 将汤调好味，上桌时，配辣椒油、腐乳、姜醋汁食用即可。

【营养功效】酸菜经过乳酸杆菌发酵，产生大量乳酸，不仅口感良好，而且对人体有益。

小贴士

霉变的酸菜不可食用。

酸菜炖烤鸭

主料：丝瓜250克，鲩鱼尾300克，鲜菇150克。

辅料：姜片、葱段、盐、食用油各适量。

制作方法

1. 丝瓜刨去皮，洗净，切角形；鲜菇洗净，每粒切开边；鲩鱼尾洗净，沥干水，用少许盐腌15分钟。
2. 锅内放食用油烧热，下姜片、葱段爆香，放清水约250毫升煮沸，放鲜菇煮3分钟，捞起，用清水洗一洗，沥干水。
3. 锅中加入适量清水煮沸，放入鱼尾煮约15分钟，放丝瓜、鲜菇煮熟，放盐调味，撇去浮油即可。

【营养功效】此汤富含防止皮肤老化的B族维生素，增白皮肤的维生素C等成分，能保护皮肤、消除斑块，使皮肤洁白、细嫩。

小贴士

烹制丝瓜时应注意尽量保持清淡，油要少用，这样才能显示丝瓜香嫩爽口的特点。

丝瓜鲜菇鱼尾汤

主料：鳝鱼100克，猪瘦肉50克。

辅料：青椒、西红柿各1个，鸡汤、料酒、葱花、姜丝、食用油、醋、香菜、胡椒粉、味精、盐各适量。

制作方法

1. 鳝鱼洗净，切丝；猪瘦肉切丝；青椒洗净切丝；西红柿洗净切薄片。
2. 烧热锅，下食用油，放入鳝丝、肉丝，煸炒至松散，随即放料酒，加鸡汤，下葱花、姜丝、青椒丝，加盖煮沸，用中火煮15分钟。
3. 加盐、味精、胡椒粉、醋调味，倒入碗中，撒上香菜即可。

【营养功效】鳝鱼营养丰富，钙、铁含量尤其高，具有补气养血、健脾益肾、除淤祛湿之功效。

小贴士

鳝鱼腥味较重，故姜、葱是烹制鳝鱼时必不可少的用料。

酸辣鳝丝汤

五香豆腐干汤

主料： 五香豆腐干3块，冬菇40克，鲜草菇100克，笋50克。
辅料： 粉丝、虾米各20克，紫菜10克，盐、食用油、味精各适量。

制作方法

1. 将五香豆腐干切丝；冬菇浸软去柄，洗净；鲜草菇洗净切片，用沸水焯一下；笋洗净，切成丝；粉丝剪段浸软；虾米浸软。
2. 先将虾米放油锅中爆香，注入清水适量，然后下冬菇、笋煮沸约15分钟。
3. 下五香豆腐干丝、粉丝、紫菜、鲜草菇，再沸时加盐、味精调味即可。

【营养功效】豆腐干是豆腐的干制品，营养价值基本与豆腐相同，有抗氧化的功效，能一定程度上预防骨质疏松等症状的发生。

小贴士
　此汤适用于冬季肾虚而致骨质疏松症、腰膝酸软、肥胖等，是更年期的保护神。

金蒜双丸汤

主料： 墨鱼丸、牛肉丸各5粒，冬瓜100克。
辅料： 金蒜、生蒜、盐、香油、味精各适量。

制作方法

1. 冬瓜切成粒。
2. 将冬瓜粒、牛肉丸、墨鱼丸放入锅中，加适量清水。
3. 加入生蒜，煮沸，再加入金蒜，煮沸，加盐、味精调味，淋香油，出锅即可。

【营养功效】大蒜中含有可激活人体的巨噬细胞吞噬癌细胞的有效成分，从而预防癌肿生成。大蒜能从多方面阻断致癌物质亚硝胺的合成，并可杀灭胃中的幽门螺旋菌，因而有预防胃癌的作用。

小贴士
　鱼鳞病者慎食蒜。

三鲜鱿鱼汤

主料： 鱿鱼150克，猪里脊肉50克，菜心100克。
辅料： 食用油、碱水、清汤各适量，大葱、姜各5克，料酒、胡椒粉、盐、味精各少许。

制作方法

1. 鱿鱼用碱水泡发30小时，洗净后切片。
2. 菜心洗净，猪里脊肉切片，葱、姜均洗净，葱切段，姜切片。
3. 炒锅置大火上，加食用油，放入葱段、姜片煸炒出香味，然后加汤、鱿鱼、肉片、料酒、盐，煮沸后撇去浮沫，再加菜心、味精、胡椒粉，待沸后即可起锅。

【营养功效】鱿鱼含有丰富的钙、磷、铁等营养成分，对骨骼发育和造血十分有益，可预防贫血。

小贴士
　本汤也可用鲜鱿鱼烹制。

主料：鲮鱼500克。

辅料：陈皮、姜丝、葱段、盐、香油、味精各适量。

制作方法

1.鲮鱼治净。
2.将陈皮和姜丝起锅，加水稍煮，放入鲮鱼。
3.加入葱段，放盐、味精调味，大火煮沸，小火炖至熟，淋香油即可。

【营养功效】陈皮中含有大量挥发油、橙皮甙等成分，它所含的挥发油对胃肠道有温和刺激作用，可促进消化液的分泌，排除肠道内积气，增加食欲。

小贴士

此汤开胃消滞，适合盛夏时节饮用。

陈皮汤浸鲮鱼

主料：鳝鱼肉、鸡肉各50克。

辅料：鸡蛋1个，面筋15克，水淀粉、胡椒粉、味精、酱油、陈醋、葱、姜、香油、盐、鸡汤各适量。

制作方法

1.将鳝鱼肉洗净切成丝，鸡肉切成丝，面筋切成条，姜切成丝，葱切成花，鸡蛋打入碗中搅匀。
2.锅中放入鸡汤，煮沸后放入鳝鱼丝、鸡肉丝、面筋条，加入酱油、醋、姜丝、盐，煮沸，加入鸡蛋成花，用水淀粉勾芡。
3.加上胡椒粉、味精、香油、葱花即可。

【营养功效】此汤可温中补虚。

小贴士

此汤鲜而辣，适用于冬季保养不良而致的胃脘冷痛、乏力头晕等。

鳝鱼鸡汤

主料：羊肉750克。

辅料：当归2克，山药、生地各10克，姜片、料酒、食用油、盐各适量。

制作方法

1.当归、山药、生地洗净，山药切块；羊肉切小块，先用开水烫过，捞出洗净血水。
2.姜片用食用油爆香，与羊肉加适量料酒略为爆炒。
3.上述材料一同放入沙煲，加姜片和适量清水，小火炖1小时，至羊肉酥软，除去当归、生地、姜片，加盐调味即可。

【营养功效】此汤滋阴补血、温肾补虚。

小贴士

羊肉性温助火，煲汤时宜放不去皮的姜，这样能起到散火除热、止痛祛风湿的作用。

山药生地羊肉汤

熟地水鸭汤

主料：水鸭1只，生地、熟地各10克，瘦肉100克。
辅料：金银花15克，盐适量。

制作方法
1.水鸭杀好洗净，瘦肉洗净切块待用。
2.将水鸭、瘦肉、生地、熟地放入沙锅中，加适量清水，煮约4小时。
3.加盐调味即可。

【营养功效】此汤消暑清热，解皮肤湿毒。

小贴士
　　水鸭味甘，对病后虚弱、食欲不振等症有很好的食疗功效。

人参茯苓鱼肚汤

主料：水发鱼肚100克，鸡肉、猪瘦肉各50克。
辅料：茯苓、冬菇各5克，人参3克，浮小麦10克，姜片、料酒、盐各适量。

制作方法
1.将浮小麦、人参、茯苓浸透洗净，茯苓、人参切片。
2.鱼肚洗净切成块状或条状，鸡肉、猪瘦肉洗净切成块。
3.以上用料一同放进炖盅，加适量清水、料酒，加盖，隔水炖；待锅内的水煮沸后，用中火续炖3小时，去渣，加盐调味即可。

【营养功效】此汤滋阴补肺、益气补虚、清肺止咳。

小贴士
　　茯苓，别名松苓、茯菟，为多孔菌科真菌。味甘、淡，性平，归心、脾、肾经，有利水渗湿、健脾和胃、宁心安神的功效。

丁香海带胡萝卜汤

主料：海带30克，胡萝卜200克。
辅料：丁香15克，大料10克，桂皮、花椒各5克，核桃仁30克，食用油、盐各适量。

制作方法
1.丁香、大料、桂皮、花椒、核桃仁分别洗净，一同装入药袋。
2.海带用水浸泡，洗净后切段；胡萝卜去皮，洗净，切块。
3.上述材料一同放入沙锅内，加清水适量，大火煮沸后，加食用油，小火煲至胡萝卜、海带熟烂，加盐调味即可。

【营养功效】此汤减肥消脂、利水消气。

小贴士
　　核桃仁外面有一层薄皮，略带苦味，煲汤时，可以先用热水浸泡剥皮后再下锅。

主料：老鸭1200克，莲子300克，冬瓜1000克。
辅料：陈皮15克，荷叶1张，盐适量。

制作方法

1.将冬瓜刨皮、去核后洗净；陈皮放水中浸泡，待用；洗净老鸭、莲子、荷叶，待用。
2.将以上材料放入汤煲内，加入适量清水，小火煲2小时。
3.加适量盐调味即可。

【营养功效】此汤清热解暑、利尿祛湿、健脾开胃、滋养润颜。

小贴士
动脉硬化、慢性肠炎应少食鸭肉，感冒患者不宜食用。

莲子老鸭冬瓜汤

主料：淮山30克，枸杞子15克，红枣6枚，党参20克，鳙鱼头1个。
辅料：姜2片，食用油10毫升，盐适量。

制作方法

1.淮山、枸杞子、党参洗净，浸泡；红枣去核，洗净。
2.鳙鱼头开边、去鳃，洗净，烧热锅，放入食用油、姜片，将鱼头两面煎至金黄色。
3.倒入沸水适量，待鱼汤煮至白色，加入淮山、枸杞子、党参、红枣，煲30分钟，加盐调味即可。

【营养功效】此汤健脑益智、益气养血。

小贴士
煲汤时，忌选用腐烂变质的红枣。食用腐烂的枣，轻者可引起头晕，使眼睛受害，重则危及生命。

淮杞红枣鱼头汤

主料：猪心1个，猪肉200克。
辅料：当归20克，酸枣仁20克，红枣3枚，盐适量。

制作方法

1.当归、酸枣仁洗净，浸泡；红枣去核，洗净；猪肉切片。
2.猪心切片，清除腔管内的残留淤血，洗净，飞水。
3.将适量清水放入沙锅内，煮沸后加入全部材料，大火煲滚后，改用小火煲3小时，加盐调味即可。

【营养功效】此汤安神益智、补血养心。

小贴士
煲汤时，酸枣仁不宜久存，否则会泛油变质，影响疗效。

当归枣仁猪心汤

香附砂仁鲫鱼汤

主料：鲫鱼250克。

辅料：制香附15克，香砂仁15克，淮山9克，拐枣9克，香菜20克，盐适量。

制作方法

1.药材洗净，全部装入药袋。

2.鲫鱼洗净，去内脏；香菜洗净，切段。

3.全部材料一同放入沙锅内，加水适量，大火煮沸后，小火炖2小时，加盐调味即可。

【营养功效】鲫鱼含有优质蛋白质、维生素A、维生素E等，具有利水消肿、清热解毒的功效。

小贴士

鲫鱼脂肪含量少，有利于减肥。

玉竹核桃羊肉汤

主料：羊肉600克。

辅料：玉竹50克，核桃仁8克，红枣5枚，姜2片，盐适量。

制作方法

1.玉竹、核桃仁分别洗净；红枣去核，洗净；羊肉洗净，沥干水分，切中块。

2.锅内放清水，放入羊肉，煮沸，约2分钟，捞起。

3.全部材料一同放入沙锅内，加清水适量，煮沸后，改用小火煲2小时，加盐调味即可。

【营养功效】此汤养阴润燥、滋润肌肤、抗衰祛斑。

小贴士

羊肉主要有山羊肉和绵羊肉，山羊肉性凉，绵羊肉性热。绵羊肉具有补养的作用，适合产妇、病人食用，山羊肉则不适宜病人多食。

党参栗子兔肉汤

主料：兔肉500克，栗子300克。

辅料：党参30克，姜片、盐各适量。

制作方法

1.党参洗净，栗子去壳，去衣，洗净。

2.兔肉洗净，沥干水分，斩成块。

3.全部材料一同放入沙锅内，加清水适量，煮至水开，改用小火煲2小时，加盐调味即可。

【营养功效】此汤养颜祛斑、润肤瘦身。

小贴士

兔肉纤维素多，结缔组织少，多吃兔肉可使人体血液中的磷脂增加。因此，常饮本汤可降低胆固醇的有害作用。

主料：牛肉300克，百合50克，白果50克。

辅料：红枣10枚，姜2片，盐适量。

制作方法

1.白果用水浸去外层薄膜，洗净；红枣去核，洗净；百合洗净；牛肉用热水洗净，切成薄片。

2.锅内加水，放入牛肉片，飞水至熟，捞起。

3.沙锅内加水，煮沸，放入百合、红枣、白果和姜片，改用小火煲至百合将熟，加入牛肉，煲至牛肉熟，加盐调味即可。

【营养功效】此汤补血养颜、滋润肌肤、除疮祛斑。

小贴士

白果有小毒，因此，不宜过多饮用本汤。

百合白果牛肉汤

主料：鳙鱼头1个。

辅料：川芎15克，白芷15克，红枣6枚，姜3片，盐适量。

制作方法

1.川芎、白芷洗净，浸泡；红枣去核，洗净。

2.鳙鱼头去鳃，洗净，用蔬壳装着，放入沸水中稍烫即捞起。

3.将以上原料置于炖盅内，注入沸水适量，加盖，隔水炖3小时，加盐调味。

【营养功效】此汤可健脑智益。

小贴士

川芎具有活血、行气、祛风止痛等功效。

川芎白芷鱼头汤

主料：鸡肉200克。

辅料：鹿茸5克，盐适量。

制作方法

1.将鸡肉洗净，切成片。

2.将鸡肉片放入锅中，放适量清水以小火煮沸，撇去浮沫，煮至剩余一半分量倒出。

3.鹿茸加清水250毫升，煎至分量减半，然后倒进鸡汤内再煮片刻，最后加盐调味即可。

【营养功效】此汤可强身益智。

小贴士

高血压、动脉硬化、胆囊炎、胆石症者则不宜食用此汤。

鹿 茸 鸡 汤

黄芪当归炖猪脑

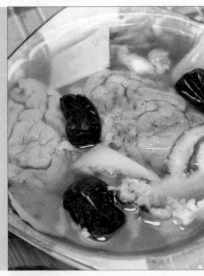

主料：猪脑2副。

辅料：黄芪、当归各25克，红枣6枚，姜、盐各适量。

制作方法

1.先将猪脑浸入清水中，撕去表面薄膜，挑去红筋，洗净，放入沸水中稍煮捞出，备用。

2.黄芪和当归分别洗净切片；红枣洗净，去核；姜去皮，切片。

3.将以上材料放入炖盅内，加入适量凉开水，盖上盖放入锅内，隔水炖1小时，以少许盐调味即可。

【营养功效】此汤可健脑益智、补气补血。

小贴士

　　猪脑营养比猪肉丰富，但需要注意的是，青壮年不宜进食猪脑，否则容易引起反作用。

火腿白菜汤

主料：大白菜心200克，熟鸡肉50克，熟火腿50克。

辅料：姜丝、盐、胡椒粉、味精、鸡汤、食用油、鸡油各适量。

制作方法

1.大白菜心切段，放入沸水锅内氽一下，捞出；熟鸡肉、熟火腿均切成薄片。

2.炒锅上火烧热，加适量食用油，放入白菜心、火腿片、鸡肉片煸炒一下。

3.再加入鸡汤、姜丝、胡椒粉、盐、味精，用大火煮沸至原料入味，淋鸡油，倒入汤碗内即可。

【营养功效】此汤有清热解毒、消肿止痛、调和肠胃等功效。

小贴士

　　烹调白菜时不宜用煮焯、浸汤后挤汁等方法，以避免营养成分的大量流失。

八珍蛇羹

主料：净蛇肉75克，水发木耳、水发香菇、青椒各15克，熟鸡肉、笋、水发海参各25克。

辅料：陈皮丝、姜丝、料酒、酱油、盐、味精、胡椒粉、香油、淀粉各适量。

制作方法

1.将木耳、香菇浸透后切丝，青椒、熟鸡肉、笋、海参也切成丝。

2.将蛇肉洗净放入沸水中煮，加料酒，煮沸后转小火煮45分钟，至蛇肉酥熟，取出，用手扯成细丝。

3.在蛇肉汤中，放入8种辅料丝和蛇肉丝，加料酒、酱油、盐、味精、胡椒粉，煮沸后加水淀粉勾芡，淋香油，装汤碗即可。

【营养功效】蛇肉性温，味甘，具有补气血、祛风邪、通经络等功效。

小贴士

　　不宜选购长得特别大的香菇。

主料：猪肝200克，土豆150克。

辅料：花椒、干辣椒、盐、食用油、味精各适量。

制作方法

1.土豆去皮，洗净，切薄片；猪肝洗净，切薄片。

2.锅内放食用油烧热，放土豆片稍炒，加水煮沸。

3.加入猪肝片至煮熟，放入花椒、干辣椒、盐、味精调味即可。

【营养功效】土豆中钾和钙的平衡，对于心肌收缩有显著作用，能防止高血压和保持心肌的健康，预防心血管系统脂肪沉积，保持血管的弹性。

小贴士

此汤麻辣可口，香气鲜香诱人。

麻辣猪肝土豆汤

主料：老黄瓜250克，排骨600克。

辅料：陈皮10克，蜜枣2枚，盐适量。

制作方法

1.老黄瓜用清水洗净，开边去瓜瓤，切成大件，备用；排骨斩件，放入沸水中煮5分钟左右，捞起，用清水洗净，备用。

2.陈皮用清水浸透，洗干净，备用；蜜枣用清水洗干净，备用。

3.沙锅内加入适量清水，大火煲至水沸，然后放入以上全部材料，煮沸，改用中火继续煲2小时左右，以少许盐调味即可。

【营养功效】此汤清热消暑、祛湿解毒、生津解渴。

小贴士

此汤宜选取唐排骨，这种排骨适宜煲汤，不会太肥腻。

老黄瓜煲排骨汤

主料：鳝鱼300克，粉丝150克。

辅料：盐、酱油、料酒、陈醋、鸡精、红油、高汤、食用油各适量。

制作方法

1.鳝鱼治净，去骨后，切成丝，加盐、料酒腌渍入味；粉丝泡发，洗净，剪成小段。

2.油锅烧热，下入鳝鱼丝滑炒至卷曲定型时，捞出备用。

3.高汤下锅烧沸，下入粉丝煮至熟软后，加盐、酱油、红油、陈醋、鸡精调味，再下入鳝鱼丝稍煮即可。

【营养功效】鳝鱼富含DHA和卵磷脂，特含降低血糖和调节血糖的"鳝鱼素"，且所含脂肪极少，是糖尿病患者的理想食品。

小贴士

死后的鳝鱼体内的组氨酸会转变为有毒物质，故所加工的鳝鱼必须是活的。

鸿运鳝丝

花瓣鱼丸汤

主料： 鲜鱼肉200克，白菊花瓣25克。

辅料： 蛋清、菠菜叶、盐、食用油、鸡汤、料酒、味精、白胡椒粉、淀粉、鸡油、葱、姜各适量。

制作方法

1.将白菊花瓣、菠菜叶分别洗净，沥干水分；葱切段，姜切片。鲜鱼肉放在砧板上用刀剁成鱼糜，放入盆内，依次加入盐、味精、白胡椒粉、蛋清及少许熟油，顺一个方向搅匀，成糊状待用。

2.锅上火，烧热加入温水，把鱼蓉挤成丸子下入锅内，火力不要过大，待水煮沸，即将鱼丸捞出备用。

3.炒锅上火烧热，加入食用油，下葱段、姜片煸炒出香味，捞出葱段、姜片，加入鸡汤、味精、白胡椒粉、料酒，用水淀粉勾芡，再将鱼丸、菠菜叶、白菊花瓣放入，淋少许鸡油即可。

【营养功效】 白菊经常服用，能增强毛细血管抵抗力、抑制毛细血管的通性，起到抗炎强身作用。

小贴士

菠菜叶可先用沸水烫过，以去掉其中的草酸。

苦瓜黄豆田鸡汤

主料： 苦瓜、田鸡各500克，黄豆100克。

辅料： 姜、生抽、料酒、糖、食用油、盐、淀粉各适量。

制作方法

1.田鸡剖洗干净，去头、爪尖、皮、内脏，斩件，加入腌料，使腌入味，备用；苦瓜切开边，去核，用清水洗干净，切厚件，备用；黄豆用清水浸透，洗干净，备用。

2.瓦煲内加入适量清水、食用油、料酒、糖，先用大火煲至水沸，然后放入以上全部材料，待水再沸，改用中火继续煲至黄豆软烂。

3.以少许盐调味即可。

【营养功效】 此汤富含维生素C，具有预防坏血病、保护细胞膜、防止动脉粥样硬化、提高机体应激能力、保护心脏等功效。

小贴士

黄豆煲汤一定要将其煮烂，因为生黄豆或夹生黄豆，都含有对人体极为不利的抗胰蛋白酶和凝血酶，在消化过程中会产生过多气体，造成胀肚和消化不良。

小 吃 类

小吃类食品注意事项

小吃烹调方法

我国各地的小吃历史悠久，品种繁多，用料讲究，制作精细，具有鲜明的民族特色，地方风味浓厚。长期以来，风味小吃深受我国各地人民所欢迎和喜爱，也为世界各国人民所珍视和赞赏。

小吃是中国烹饪的重要组成部分，常是早点、夜宵的主角，也可以是席间的点缀。它们以量少、精制而有别于正餐或主食，也以量少，价钱便宜而区别于大菜，常称作经济小吃。

随着时代的发展和人民生活水平的提高，大家对吃的要求也在不断变化，从吃饱到吃好，从买着吃到自己动手做着吃，许多烹调方法都进入了千万家庭。要制作出可口的小吃，必须了解一些简要的烹调方法：

蒸：蒸是利用蒸汽使原料成熟的方法，是小吃制作过程中重要的一种加热过程。蒸法一般要求火大，水多，时间短，成品富含水分，比较滋润或暄软，极少有燥结和焦糊等情况，适口性好，因其不在汤水中长时间加热，营养成分保存也较好。

煮：煮是在原料中加适量汤或清水，用大火煮沸后，转中小火加热成菜的方法。煮法既用于制作菜肴，也用于提取鲜汤，又用于点心、面食的熟制，是应用最广泛的烹调方法之一。煮法常用生的原料或半成品，一般可分为白煮或汤煮。

白煮又称水煮、清煮，是把原料直接放入清水中煮熟的方法，常用于煮制面点食品。如面条、饺子、馄饨、元宵等。

汤煮，是以鸡汤、白汤或清汤等煮制原料的方法。在面点中如鸡汤馄饨、鱼汤煨面等。

煨：煨是将原料加适量汤水后用大火煮沸，再用小火长时间加热至原料酥烂而成菜的方法。

炸：炸是以适量食用油，用大火加热原料成熟的方法。成品具有酥、脆、松、香等特点。

烧：烧是将经过初步熟处理的原料加适量汤或水用大火煮沸，中、小火烧透入味，大火收汁成菜的方法。一些风味小吃的加热成熟常用此法。

煎：煎是将原料平铺锅底，用少量油，通过加热使原料表面呈金黄色而成菜的方法。原料生熟均可，需加工成扁平形再进行煎制。如油煎饼，一般要求先煎一面再煎另一面，油以不淹没原料为准，采用晃锅或拨动的方法使原料受热均匀，色泽一致。

炒：炒是以少油大火快速翻炒小型原料成熟而成菜的方法。适用于各类原料，因其成熟快，故原料要求形体小，大块者要用刀切成薄、细、小的丝、片、丁、条、末，以利于均匀受热成熟与入味。炒制时油量要少，锅先烧热，大火热油，放入原料，翻炒迅速，制成的成品要求汁少、鲜嫩或滑脆或干香，在面食小吃中有炒面、炒面片。

小吃常用原料

富强粉：含麦麸量多于特制粉，其色泽洁白，面筋质超过25%，适宜制作各种包子、点心等。

标准粉：麦麸含量多于富强粉，色泽稍黄，面筋质超过24%，稍粗糙，适于制作大众点心，如烧饼、烙饼等。

糯米：硬度低，黏性大，涨性小，色泽乳白不透明，但成熟后有透明感。因其香糯黏滑，常被用以制粽子、元宵等。

绵糖：味甜，颜色洁白有光泽，质地绵软、细腻，结晶颗粒细小。它不仅是一种甜味原料，同时也具有改善面团品质的功效。

饴糖：俗称米稀或麦芽糖，半透明浅黄色液体，主要成分是麦芽糖。用于面点主要是使面坯烘烤时易使制品着色，获得良好的色泽。

食用油：呈淡黄色，澄清、透明、无气味、口感好，加热后不起沫、不冒烟，常用于油炸食品。

猪油：从猪肥膘提炼出来，液体时透明清澈，固体时是白色的软膏状，有光泽无杂质，有良好的滋味，含脂肪99%，适合做各种点心和明酥类糕点。

麻酱：即芝麻酱，黄褐色，质地细腻，味美，具有芝麻固有的浓郁香气，一般用做调味品，也是部分面点的馅心配料。

豆沙馅：以红小豆和白砂糖为原料制成。甜糯细软，适合做部分面点（豆沙包等）的馅心配料。

膨松剂：面点加工中的主要添加剂。受热分解产生气体，使面坯起发，从而使制品膨松、柔软或酥脆。常用的有酵母、老肥、小苏打、泡打粉等。

小吃的相关术语

和面：将面粉或其他粉类依照面点制品的要求，按一定比例加水、油、蛋等调和成团的过程称和面。和面质量直接影响成品品质以及制作的顺利进行。

搓条：将面团搓成表面光洁、粗细一致的圆柱形长条的过程称搓条。条的粗细应根据成品需要而定，如馒头、大包的条要粗一些，饺子、小包的条要细一些。

下剂：将搓成的条根据面点制品的规格分割成大小一致的剂子的过程称下剂。

制皮：将剂子制成面皮的过程称制皮。剂皮制皮后可便于包馅成型。

饧：饧的字意，一为糖稀，二为面剂子、糖块变软，饮食行业常用的是后一种意思。揉好的面团的劲很大，通过静置可使面筋松劲变软。

香 辣 鸭 舌

主料： 鸭舌头1000克。

辅料： 干辣椒、花椒各10克，姜片20克，食用油、豆瓣酱、红油、芝麻、红油、盐、料酒、冰糖、鸡精各适量。

制作方法

1. 鸭舌头洗净处理好。
2. 烧一锅水，放两片姜，水沸后把鸭舌头煮几分钟，捞出洗净黏液，沥干水，备用。
3. 锅内放食用油烧热，放豆瓣酱炒香，放入干辣椒、花椒和香料用小火炒香，然后放入鸭舌头一起炒。
4. 加盐，换中火炒，待快炒好时，加入冰糖，边炒边把香料捡出来，调入鸡精和红油翻炒，撒入芝麻，关火，让其在锅里冷却，经常翻动，让每一面都能在红油里泡过即可。

【营养功效】此菜能促进血液循环。

小贴士

　　鸭舌可以用清水浸泡半天或者提前一晚浸泡，多换几次水。

重 庆 酸 辣 粉

主料： 粉条300克。

辅料： 葱末、姜末、蒜蓉各5克，香菜、榨菜丝、香芹末、花生仁、黄豆、酱油、醋、辣椒油、香油、食用油、花椒粉、胡椒粉、味精、鸡精、盐、芝麻、鸡汤各适量。

制作方法

1. 汤碗中放入芝麻、姜末、蒜蓉、香芹末、花椒粉、味精、鸡精、胡椒粉、盐、酱油、醋、香油、辣椒油，再倒入鸡汤、葱末、食用油打底待用。
2. 粉条泡软；黄豆、花生仁分别入锅炸酥，沥油待用。
3. 煮沸足量清水，放入粉条烫30秒，取出放入汤碗；另用煮面水将豆芽烫熟。
4. 将豆芽、榨菜丝、花生仁、黄豆、香菜铺于汤碗，拌匀食用即可。

【营养功效】豆芽含有丰富的纤维素、维生素和矿物质，有美容排毒、消脂通便、抗氧化的功效。

小贴士

　　酸辣粉所用浇苕，如同面条浇苕一样制作，主要有"肥肠苕"、"凉粉苕"、"排骨苕"等，其中尤以"肥肠苕"最为著名。

赖 汤 圆

主料： 大米75克，糯米500克，黑芝麻70克，面粉50克，糖粉300克。

辅料： 食用油200毫升，糖、麻酱各适量。

制作方法

1. 糯米、大米淘洗干净，浸泡2天，加入适量清水磨成稀浆，装入布袋，吊干成汤圆面，再揉至软硬适度不粘手为止。
2. 将糖、面粉、黑芝麻一起筛匀，加入食用油搓匀，再擀成饼状，切为若干小块。
3. 取1块面团，包入1份芝麻馅，搓为球状，制成汤圆生坯，入锅煮熟，捞出装碗。
4. 食用时可加麻酱及糖。

【营养功效】大米富含碳水化合物和蛋白质；糯米富含B族维生素，能温暖脾胃，补益中气。

小贴士

黑芝麻适宜肝肾不足所致的眩晕、眼花、视物不清、腰酸腿软、耳鸣耳聋、发枯发落、头发早白者食用，也适宜妇女产后乳汁缺乏者食用。

钵 钵 鸡

主料： 土鸡700克，芝麻15克。

辅料： 辣椒油150克，老姜50克，大葱100克，料酒、胡椒粉、盐、味精、鸡精、花椒粉、香油、糖各适量。

制作方法

1. 土鸡宰杀清洗干净；老姜洗净，拍破；大葱洗净，葱青叶挽成结，葱白切成马耳朵形。
2. 锅置中火上，煮沸，放入土鸡、老姜、葱结、料酒、胡椒粉，煮沸，撇净浮沫。
3. 用小火慢慢煮至九成熟，端离火口，原汤泡至熟透，捞出晾凉，沥干水分，斩成厚约0.5厘米的块。
4. 另取拌盆，将盐、糖、味精、鸡精、鸡汤放入搅散溶化，倒入鸡块，加葱白、花椒粉、辣椒油、香油拌匀，盛入盘中，撒上熟芝麻即可。

【营养功效】胡椒的主要成分是胡椒碱，也含有一定量的芳香油、粗蛋白、粗脂肪及可溶性氮，能祛腥、解油腻、助消化。

小贴士

钵钵鸡的色泽应该是红白相间，油亮。调味时不应放酱油，以免有伤鸡肉色泽。

宜宾燃面

主料： 水碱面300克，芽菜、花生仁、核桃仁各适量。

辅料： 小葱、白芝麻、山奈、大料、花椒、干辣椒、食用油、香油各适量。

制作方法

1. 锅内入食用油，加花生仁、核桃仁小火炒熟后盛起待用；芽菜煸炒出香味。
2. 炒熟的花生仁和核桃仁碾成碎末；小葱切末；菠菜用开水快速焯烫，捞起沥干待用；锅内入油，放入干辣椒、大料、山奈、花椒小火炸至变色，滤取辣椒油待用。
3. 另起锅煮面，煮至八成熟后捞出沥干，用香油、辣椒油反复揉捻干面条。注意挑散，使之互不粘连结块。
4. 将芝麻、花生末、芽菜等拌入面条，撒上葱花即可。

【营养功效】芝麻中含有丰富的维生素E，可使皮肤白皙润泽，并能预防各种皮肤炎症。

小贴士

　　宜宾燃面旧称叙府燃面，是宜宾最具特色的传统小吃。因其油重无水，引火即燃，故名燃面。

红油抄手

主料： 抄手皮20张，猪肉馅170克。

辅料： 葱花50克、盐、酱油、料酒、鸡精、淀粉、辣椒油、香油各适量。

制作方法

1. 猪肉馅置碗内，加入盐、酱油、料酒、鸡精、淀粉和清水拌匀，顺一个方向打至起胶，腌制15分钟。
2. 取一抄手皮，舀入适量猪肉馅，包成抄手。取一空碗，加入辣椒油、酱油、香油和鸡精，撒入葱花。
3. 煮沸锅内的水，加入盐，放入抄手以大火煮沸，点一次水煮至抄手浮起，捞起沥干水，盛入碗内即可。

【营养功效】此小吃富含蛋白质、脂肪等营养成分，有滋阴、润燥、补血等功效。

小贴士

　　抄手是成都著名小吃，以面皮包肉馅，煮熟后加清汤、红油和其他调料即可食用。

四川水豆豉

主料： 黄豆500克。

辅料： 姜、葱、花椒粉、盐、干辣椒、酱油、食用油、料酒各适量。

制作方法

1. 将黄豆洗净，在水中浸泡一夜，煮熟。
2. 在煮豆的水中加适量盐，将其放入冰箱，发酵3天；干辣椒、姜洗净，分别切末；葱洗净，切花。
3. 发酵好的黄豆沥水，锅内热油，倒入黄豆煸炒，加盐、干辣椒、花椒粉、姜末、酱油炒匀，滴少许料酒至汁干，装盘，撒入葱花即可。

【营养功效】黄豆含有亚油酸，具有促进儿童神经发育、降低血中胆固醇等作用。

小贴士

黄豆性偏寒，胃寒者和易腹泻、腹胀、脾虚者以及常出现遗精的肾亏者不宜多食。

珍 珠 圆 子

主料： 猪瘦肉400克，猪肥肉100克，糯米100克，马蹄100克。

辅料： 葱花15克，姜末15克，味精、料酒、盐、胡椒粉各适量。

制作方法

1. 将猪瘦肉剁成糜，猪肥肉切成黄豆大小的丁；马蹄削皮，切成黄豆大的丁；糯米淘洗干净，用温水浸泡2小时后捞出沥干。
2. 猪肉糜入钵，加味精、盐、葱花、姜末、料酒、胡椒粉，分3次共加入300毫升清水，搅拌上劲，再加入肥肉丁和马蹄丁拌匀成馅。
3. 把馅挤成直径1.6厘米大的肉圆，放入装有糯米的筛内滚动粘上糯米。
4. 将肉圆放在蒸笼内，排放整齐，用大火沸水锅蒸15分钟，取出装盘即可。

【营养功效】珍珠圆子富含优质蛋白质和必需的脂肪酸，具有补虚强身、滋阴润燥、丰肌泽肤等功效。

小贴士

制珍珠圆子的精肉须剔去筋膜。

酸 辣 汤

主料： 豆腐30克，火腿、木耳、冬笋、香菇各10克，鸡蛋1个。

辅料： 鸡汤750毫升，葱花10克，淀粉、香油、味精、胡椒粉、醋、盐各适量。

制作方法

1. 将豆腐洗净，切小丁，然后过水焯一下；冬笋、火腿切成细丝；香菇和木耳泡发后洗净，也切成丝；鸡蛋打散备用。
2. 将适量胡椒粉倒入小碗内，倒入醋将胡椒粉冲开备用。
3. 锅置火上，倒入高汤，煮沸后先放入豆腐略煮一下，然后放入冬笋丝、香菇丝、火腿丝、木耳丝，煮沸后加入酱油、料酒、盐调色调味，用水淀粉勾芡。
4. 用汤勺搅动倒入蛋液，加入冲开的胡椒粉和醋，淋入香油，倒入醋，撒上葱花即可。

【营养功效】木耳中铁的含量极为丰富，故常吃木耳能养血驻颜，令人肌肤红润，容光焕发，并可防治缺铁性贫血。

小贴士
酸辣汤能起到减肥的功效，但不要空腹食用。

红油肚丝

主料： 猪肚200克，黄瓜150克，金针菇30克。

辅料： 葱段、姜丝、料酒、盐、鸡精、红油、食用油各适量。

制作方法

1. 猪肚剪开，用面粉反复揉搓表面和内部，剪去白油；用清水将猪肚洗净，用盐反复揉搓，冲洗干净。
2. 将猪肚放入锅内，加水煮沸后倒掉，用冷水洗净猪肚，去内部白膜；猪肚加清水煮沸后，加料酒、葱段、姜丝和盐，用高压锅煮8分钟。
3. 猪肚取出放入盆内，上面用重物压2小时以上至凉，切丝待用。
4. 金针菇在沸水中余烫后沥干，黄瓜洗净切片；将金针菇和黄瓜倒入装有肚丝的盆内，撒鸡精，淋入红油搅拌即可。

【营养功效】常食金针菇能降低胆固醇，预防肝脏疾病和肠胃道溃疡，增强机体正气，防病健身。

小贴士
通过表面压重物，可以将猪肚压实，肚丝的口感更佳。

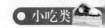

八宝瓢梨

主料： 梨500克，糯米100克，百合30克，莲子30克，薏米50克，樱桃30克。

辅料： 核桃30克，蜜枣50克，蜜橘30克，糖100克，食用油15毫升。

制作方法

1. 将梨削皮后，把顶端切下；百合、莲子、薏米、糯米用水发透。
2. 将梨于剖口处挖去核及部分内瓤，入0.5%的明砚水中漂5分钟后捞出，用清水冲洗干净。
3. 樱桃、核桃、蜜枣、蜜橘均切小颗。
4. 糯米煮至断生，然后将百合、莲子、薏米、核桃、樱桃、蜜枣、蜜橘共纳一碗加糖，倒食用油拌匀。
5. 瓢入梨内，盖上梨把，逐一制完后，放于盘中上笼蒸至软透时，取出挂上糖汁即可。

【营养功效】多吃梨可改善呼吸系统和肺功能，保护肺部免受空气中灰尘和烟尘的影响。

小贴士

糯米需余断生方可沥起，否则会夹生；糖汁要浓稠，以能挂于梨上为宜。

四川辣子水饺

主料： 猪肉、玉米各500克，沙葛150克，面团1块，芹菜100克。

辅料： 盐、味精、糖、淀粉、香油、姜汁、火锅汤底各适量。

制作方法

1. 芹菜洗净，用搅拌器打成芹菜汁；玉米洗净剥粒，沙葛去皮洗净。
2. 猪肉洗净剁末，用盐打至起胶，加入沙葛粒、玉米粒、调味料、淀粉拌匀，滴入香油、姜汁，冷藏30分钟待用。
3. 面团加芹菜汁揉好，分为若干剂子，分别擀成面皮，包入冷藏好的馅料，捏成元宝状。
4. 锅中倒入火锅汤底煮沸，加入饺子，煮熟即可。

【营养功效】玉米中除了含有碳水化合物、蛋白质、脂肪、胡萝卜素外，还含有核黄素、维生素等营养物质，对预防心脏病等疾病有一定的好处。

小贴士

沙葛富含植物性蛋白质、膳食纤维和维生素，能解渴生津、去酒毒和预防神经痛。

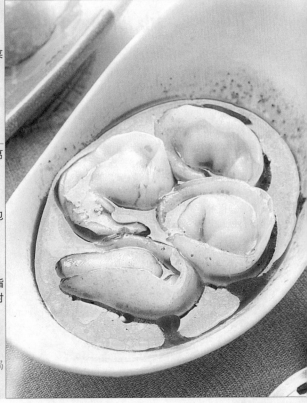

鸡 丝 凉 面

主料：面条250克，鸡腿、黄瓜各150克。

辅料：芝麻酱90克，姜片、葱段、花椒、酱油、盐、醋、糖、鸡精、香油、大蒜、麻辣酱、芝麻各适量。

制作方法

1. 锅中倒入清水，放入鸡腿、姜片、葱段和花椒，大火煮沸后，撇去浮沫，继续煮10分钟。煮熟后晾凉去皮，将鸡腿肉撕成细丝。黄瓜洗净后切丝。
2. 大蒜去皮洗净后压成蒜蓉。将芝麻酱倒入碗中，再倒入凉开水，搅拌稀释。再调入酱油、盐、醋、糖、鸡精、香油搅拌均匀，调入适量蒜蓉、麻辣酱和芝麻。
3. 锅中倒入足量清水，大火煮沸后，放入面条，中火煮3~5分钟后捞出，反复过冷水冲凉，沥干后，倒入香油搅拌以免粘连。
4. 将面条盛入碗中，放入鸡丝、黄瓜丝、绿豆芽，再淋上酱汁料搅拌均匀即可。

【营养功效】面条易于消化吸收，有改善贫血、增强免疫力、平衡营养吸收等功效。

小贴士
鸡腿烹饪时，用叉子插洞，如此较容易熟透，也容易使味道渗透。

龙 抄 手

主料：面粉500克，猪腿肉500克。

辅料：鸡蛋2个，肉汤、胡椒粉、味精、姜汁、香油、盐、鸡油各适量。

制作方法

1. 把面粉放案板上呈"凹"形，放盐少许，磕入鸡蛋1个，再加清水调匀，揉和成面团，用擀面杖擀成纸一样薄的面片，切成110张四指见方的抄手皮备用。
2. 将猪腿肉用刀背捶茸去筋，剁细，加入盐、姜汁、鸡蛋1个、胡椒粉、味精，调匀，掺入适量清水，搅成干糊状，加香油拌匀，制成馅心备用。
3. 将馅心包入皮中，对叠成三角形，再把左右角向中间叠起粘合，成菱角形抄手坯。
4. 用碗分别放入盐、胡椒粉、味精、鸡油和原汤，捞入煮熟的抄手即可。

【营养功效】猪腿肉以瘦肉为主，脂肪含量极少，因此属于高蛋白、低脂肪且是高维生素的猪肉，具有补肾养血、滋阴润燥等功效。

小贴士
抄手是四川人对馄饨的叫法。龙抄手皮薄馅嫩，爽滑鲜香，汤浓色白，为蓉城小吃的佼佼者。

主料：臭豆腐400克，青豆100克。

辅料：猪肉50克，豆瓣酱15克，盐3克，食用油、淀粉各适量。

制作方法

1.臭豆腐洗净，切成小块；猪肉洗净，剁碎；青豆洗净，豆瓣酱剁碎备用。

2.锅内放食用油烧热，下入臭豆腐块炸至金黄色干香后，捞出装盘。

3.锅内再放油烧热，下入豆瓣酱炒至出色后，再下入肉碎、青豆一起翻炒至熟，加盐调味，用水淀粉勾芡，淋在豆腐上即可。

【营养功效】此菜富含不饱和脂肪酸和大豆磷脂，有保持血管弹性、健脑和防止脂肪肝形成的作用。

小贴士

四川人把霉豆腐就叫臭豆腐，是地道的原创。臭豆腐美味可口，闻起来臭，吃起来香，深受人们的喜爱。

川味臭豆腐

主料：鸡蛋面150克。

辅料：黄瓜150克，盐、糖、醋、酱油、鸡精、麻酱、香油、辣椒油、花椒粉、葱、姜、蒜各适量。

制作方法

1.黄瓜洗净切丝，葱、姜、蒜洗净切末。

2.将麻酱连同醋、酱油慢慢调匀，再倒入糖、盐、鸡精、辣椒油、花椒粉、葱、姜、蒜调成汁待用。

3.开锅煮面，熟后捞出稍过凉水，即可装碗。

4.将酱汁浇于面上，再铺上黄瓜丝，淋香油即可。

【营养功效】黄瓜富含蛋白质、脂肪及碳水化合物，所含蛋白酶有助于人体对蛋白质的消化吸收。

小贴士

具体酱汁可依据个人口味配搭。

怪味凉面

主料：面条500克，黄瓜、豆芽各100克。

辅料：醋、辣椒油各30毫升，香油20毫升，糖20克，酱油100毫升，葱25克，蒜、姜、花椒、味精各适量。

制作方法

1.葱、姜、蒜洗净切末，黄瓜洗净切丝。

2.锅中注入适量清水，加入面条煮至九成熟，出锅装碗，晾凉待用。

3.锅内倒香油烧热，放葱末、蒜末、姜末爆香，放豆芽，加糖、辣椒油、酱油、味精和醋，炒出香味。

4.将炒好的佐料与黄瓜、凉面一起拌匀即可。

【营养功效】凉面中加醋，具有促进消化、增进食欲、防腐杀菌的作用。

小贴士

黄瓜不宜与花生同食，否则易导致腹泻。

四川凉面

川式卤味拼

主料: 猪舌、牛肉各400克,白豆干300克。

辅料: 盐、冰糖、料酒、老抽、花椒粉、辣椒粉、卤料包(葱段、蒜瓣、姜片、干辣椒、花椒、丁香、茴香、草果、豆蔻、陈皮、香叶、甘草、桂皮、罗汉果)各适量。

制作方法

1.锅置大火上,加清水烧开,放卤料包、盐、冰糖、料酒、老抽熬制成卤水。花椒粉、辣椒粉拌匀。

2.猪舌治净,牛肉洗净;白豆干洗净,放入热油锅中炸至金黄色时捞出。猪舌、牛肉分别放入沸水锅中汆水后捞出,再放入卤水中以小火浸煮1小时后捞出。

3.再将白豆干放入卤水中浸煮30分钟后捞出。将卤好的材料改刀摆入盘中,配以拌好的辣椒粉食用即可。

【营养功效】猪舌含有丰富的蛋白质、维生素A、烟酸、铁、硒等营养元素,有滋阴润燥的功效。

小贴士

猪舌头含较高的胆固醇,胆固醇偏高者都不宜食用。

秘 制 羊 排

主料: 羊排350克,洋葱50克。

辅料: 盐3克,糖、五香粉、老抽、辣椒油、海鲜酱、芝麻酱、料酒、香油、干辣椒、姜片、青椒、红椒、食用油各适量。

制作方法

1.羊排洗净,剁成块;洋葱、青椒、红椒均洗净,切碎粒。

2.锅置火上,注入适量清水烧开,加入姜片,烹入料酒,放入羊排煮约8分钟后捞出,沥干水分。

3.锅内入食用油烧热,入干辣椒、姜片爆香后捞除,再入洋葱、青椒、红椒粒炒香,倒入羊排,调入海鲜酱、芝麻酱炒匀,注入少许清水以大火烧开,调入盐、糖、五香粉、老抽、辣椒油,改小火焖约20分钟,待汤汁快干时,淋入香油,起锅盛入盘中即可。

【营养功效】羊排具有温补脾胃、温补肝肾、补血温经等功效。

小贴士

羊肉是助元阳、补精血、疗肺虚、益劳损之佳品,是一种优良的温补强壮剂。

主料：面粉500克，牛肉适量。

辅料：香油、葱末、盐、花椒粉各适量。

制作方法

1.面粉加开水揉和揉透后，摊开冷却，然后搓成长条，揿扁擀成长方形薄皮坯子；牛肉剁成碎末。

2.将葱末、盐、香油、花椒粉和牛肉末拌和均匀地撒在坯子上卷好，擀圆，上平底锅烙至金黄色即可。

【营养功效】此馅饼含有丰富的蛋白质，具有补脾胃、益气盘、强筋骨等功效。

小贴士

选购牛肉时，要注意新鲜肉具有正常的气味，较次的肉有一股氨味或酸味。

牛肉馅饼

主料：大米1500克，凉粉草500克，牛奶300毫升。

辅料：糖适量。

制作方法

1.大米浸泡4小时，磨成米浆，加水兑开待用；凉粉草用清水浸软，洗净待用。

2.锅中注入适量清水，加入凉粉草煮软，捞出凉粉草，放入清水中搓洗，直至将胶状物全部搓出，弃掉凉粉草，将煮和搓的汁液混合隔渣，入锅拌煮，倒入米浆，煮至泛泡，撇去泡沫，出锅晾凉，待其凝结。

3.将凉粉切片，倒入碗中，同时调入糖、牛奶即可。

【营养功效】凉粉具有治中暑、消渴的功效，对高血压和肌肉、关节疼痛等症状有益。

小贴士

用水兑开米浆时，不要兑成黏稠状，要兑成液体状。

牛奶凉粉

主料：鸭蹼350克，红辣椒50克。

辅料：花椒粒20克，姜片10克，盐、料酒、食用油、红油各适量。

制作方法

1.鸭蹼洗净，下入沸水锅中余水至熟后，捞出沥干；红辣椒洗净，切块。

2.油锅烧热，下入姜片、花椒粒爆香后，再下入鸭蹼翻炒约3分钟。

3.再下入红辣椒一起炒至熟，最后加入盐、料酒、红油调味即可。

【营养功效】鸭掌富含蛋白质，低糖，少有脂肪，为减肥佳品。

小贴士

民间有些地方吃鸭掌时，保留外皮，别有一番风味。

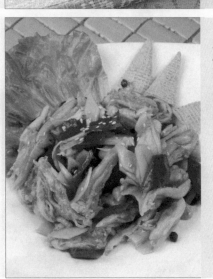

椒麻鸭蹼

火把肥牛

主料： 牛肉400克。

辅料： 盐、味精、花椒粉、白醋、生抽、辣椒油、香油、料酒、青椒、红椒、大蒜、姜、白芝麻各适量。

制作方法

1. 牛肉洗净，切片，加盐、味精、花椒粉、料酒腌制，再用竹签串成串；青椒、红椒均洗净，切小粒；大蒜、姜均去皮洗净，切末。
2. 将牛肉串放到烤架上烤熟后摆入盘中。
3. 将盐、白醋、生抽、辣椒油、香油、青椒粒、红椒粒、蒜末、姜末调匀成味汁，淋在牛肉串上，撒上白芝麻即可。

【营养功效】此小吃具有补脾胃、益气血、强筋骨、消水肿等功效。

小贴士

感染性疾病、肝病、肾病者慎食。

红烧鸭拐

主料： 鸭拐400克。

辅料： 盐、鸡粉、酱油、料酒、冰糖、姜片、葱段、八角、香叶、桂皮、食用油各适量。

制作方法

1. 先将鸭拐洗净，在沸水中焯一下取出控干水分。
2. 在锅中倒入适量食用油，放入鸭拐煎至两面金黄，然后倒入适量清水（没过鸭拐为宜），放入所有调料，煮开后转小火慢炖。
3. 直到汤汁全部收干，出锅即可。

【营养功效】菜肴中适量添加桂皮，有助于预防或延缓因年老而引起的Ⅱ型糖尿病，其中的含苯丙烯酸类化合物，对前列腺增生有治疗作用。

小贴士

鸭拐是鸭掌上面的一节，富含胶质。

香爆羊肉

主料： 羊肉350克。

辅料： 盐、花椒粉、老抽、白醋、辣椒油、料酒、大蒜、姜、干辣椒、香菜叶、食用油各适量。

制作方法

1. 羊肉洗净，切块，加盐、料酒腌制；大蒜去皮、洗净，切小粒；姜去皮、洗净，切片；干辣椒洗净，切碎。
2. 锅内放食用油烧热，入蒜粒、姜片、干辣椒炒出香味，倒入羊肉爆炒至焦黄色。
3. 调入花椒粉、老抽、白醋、辣椒油翻炒至熟，淋入香油，起锅盛入盘中，撒上香菜叶即可。

【营养功效】此小吃不仅可以增加人体热量，抵御寒冷，而且还能增加消化酶，保护胃壁，修复胃黏膜，帮助脾胃消化。

小贴士

口舌生疮、咳吐黄痰等上火症状者不宜食用。

主料：牛肉350克，鸡蛋2个。

辅料：盐、料酒、淀粉、面包屑、豆豉、青椒、红椒、葱、食用油各适量。

制作方法

1.鸡蛋磕入碗中，搅匀；牛肉洗净，切大片，加盐、料酒、蛋液、水淀粉拌匀；青椒、红椒均洗净，切碎粒；葱洗净，切葱花。
2.锅内入食用油烧热，将牛肉逐片裹上一层面包屑，再放入热油锅中炸至金黄色至熟时捞出，盛入盘中。
3.另起一净锅，入食用油烧热，入青椒、红椒、豆豉炒香，倒入炸好的牛肉片炒匀，再入葱花稍炒后，起锅盛入盘中即可。

【营养功效】此小吃具有滋养脾胃、强健筋骨、化痰息风、止渴止涎等功效。

小贴士

水牛肉能安胎补神，黄牛肉能安中益气、健脾养胃、强筋壮骨。

主料：兔腿500克。

辅料：川式卤水、红辣椒、葱花、蒜、盐、味精、油、辣椒油、酱油各适量。

制作方法

1.将兔腿洗净余水，用川式卤水煮熟，捞出沥干，放入烤箱烘干表面水分，撕块待用；红辣椒洗净，切片；蒜洗净切粒。
2.锅中倒食用油烧热，下蒜粒、红辣椒片爆香，加入兔肉块、辣椒油、酱油略炒，下葱花、盐、味精调味即可。

【营养功效】兔肉蛋白质含量高达70%，高于一般肉类，但脂肪和胆固醇含量却较低，被人誉为"荤中之素"，具有补中益气、凉血解毒、清热止渴等功效。

小贴士

撕兔肉时应顺着纤维纹路撕，炒制时才容易保持菜肴形态。

主料：金枪鱼400克，酸菜、红辣椒30克。

辅料：盐5克，料酒10克，酱油5克，葱花6克，胡椒粉、食用油各适量。

制作方法

1.金枪鱼治净，加盐、料酒、酱油、胡椒粉腌渍入味；酸菜、红辣椒均洗净，切碎。
2.将腌渍好的金枪鱼串起来，下入油锅中炸至金黄色后，捞出沥油。
3.原锅留油烧热，下入酸菜、红辣椒爆香，再下入金枪鱼翻炒均匀，加少许酱油调味，再撒上葱花即可。

【营养功效】金枪鱼肉含氨基酸齐全，还含有维生素，丰富的铁、钾、钙、碘等矿物质，对大脑和中枢神经系统发育有益，可抑制胆固醇增加和防止动脉硬化。

小贴士

金枪鱼不宜存放，应立即吃，和绿色蔬菜搭配，味道更佳。

九寨香酥牛肉

香辣手撕兔

川味金枪鱼

川北凉粉

主料： 白凉粉200克。

辅料： 花生仁30克，盐、葱、芝麻、凉粉酱、香油各适量。

制作方法

1. 凉粉洗净，切成条状；花生仁洗净备用；葱洗净，切段。
2. 锅内注水烧热，放入凉粉氽烫片刻，捞出沥干水分摆于盘中，上面倒凉粉酱。
3. 锅下食用油烧热，下花生仁、芝麻翻炒，调入盐炒熟倒在凉粉上，淋香油，撒葱花即可。

【营养功效】此品具有清热解渴之功效。

小贴士

花生作为老百姓喜爱的传统食品之一，自古以来就有"长生果"的美誉。

芝香羊肉串

主料： 羊肉300克。

辅料： 竹签8根，熟白芝麻10克，葱、姜、大蒜、淀粉、食用油、香油、料酒、胡椒粉、盐、味精各适量。

制作方法

1. 羊肉去皮洗净切片，姜、蒜洗净切末，葱洗净切花。
2. 往羊肉里加盐、味精、料酒、胡椒粉、水、淀粉腌渍，分别用竹签串好待用。
3. 往锅里倒食用油，烧热起烟时放入羊肉串，炸至外黄里嫩时捞起沥油。
4. 锅内留底油，把姜、蒜爆香，放入羊肉串，撒上白芝麻、葱花，淋入香油炒匀即可。

【营养功效】羊肉是低脂肪、高蛋白质的食物，含有人体必需的各种矿物质；凡肾阳不足、腰膝酸软、腹中冷痛、虚劳不足者皆可用它作食疗品。

小贴士

羊肉性热，宜冬季食用。

川味香肠

主料： 去皮五花肉500克，肠衣适量。

辅料： 盐、花椒粉、辣椒粉、料酒、老抽各适量。

制作方法

1. 去皮五花肉洗净，剁碎，加盐、花椒粉、辣椒粉、料酒、老抽搅匀腌渍；肠衣加盐腌渍，再用清水反复搓洗去表面的盐后，用清水浸泡备用。
2. 将备好的五花肉灌入肠衣中，将灌好的香肠分成长短一致的等分，用棉线将香肠的两端绑好，再用针在其上扎一些小孔。
3. 将做好的香肠挂在阴凉处自然风干。制好的腊肠切片，摆入盘中，放入锅中蒸熟后取出即可。

【营养功效】香肠是肉类食品，富含蛋白质、脂肪、钙、铁、磷、钾、钠等营养成分，可开胃助食、增进食欲，同时提供大量的热量。

小贴士

霉变的香肠则容易被毒力较强的肉毒杆菌污染，引起食物中毒。

天府满盘香

主料： 猪脆骨400克，小麻花50克。

辅料： 盐、生抽、料酒、鸡蛋清、辣椒油、香油、淀粉、花椒、干辣椒、白芝麻、食用油各适量。

制作方法

1. 猪脆骨洗净，切片，加盐、生抽、料酒、鸡蛋清、淀粉腌渍；干辣椒洗净，切段。
2. 锅置火上，入食用油烧热，放入猪脆骨炸至焦黄色时捞出。
3. 锅内留油烧热，入花椒爆香后捞除，再入干辣椒炒香，倒入炸过的猪脆骨、小麻花快速翻炒均匀，加入白芝麻同炒，调入辣椒油炒匀，淋入香油即可。

【营养功效】猪脆骨有补脾气、润肠胃、生津液、丰机体、泽皮肤、养血健骨等功效。

小贴士

儿童常吃，能及时补充骨胶原等物质，增强骨髓造血功能，有助于骨骼的生长发育。

开 口 笑 鹅

主料： 鹅1只，尖椒60克。

辅料： 姜、蒜、料酒、麻油、胡椒粉、盐、鸡精、糖、酱油、食用油各适量。

制作方法

1. 鹅洗干净，切成大块备用；姜、蒜均洗净，切片备用；尖椒洗净，切长段。
2. 将鹅肉块和姜片一起下入锅中，加适量水灼煮片刻，捞起后放入冷水中过凉，再捞出晾干备用。
3. 再将蒜、姜、尖椒下入烧热的油锅中爆香，倒入鹅肉和料酒下锅翻炒至干后，加适量水和酱油、盐、鸡精，先用大火煮开后改小火焖煮至汁水快收干。
4. 加少许糖翻炒均匀后，焖几分钟，淋上麻油，撒上胡椒粉即可。

【营养功效】鹅肉含蛋白质、脂肪、维生素A、B族维生素、烟酸等营养成分，具有益气补虚、和胃止渴、止咳化痰，解铅毒等作用。

小贴士

鹅肉脂肪的熔点亦很低、质地柔软，容易被人体消化吸收，适合在冬季进补。

图书在版编目（CIP）数据

川菜1688例 / 犀文图书编写. — 南京：江苏科学技
术出版社, 2012.4
ISBN 978-7-5345-9217-1

Ⅰ.①川… Ⅱ.①犀… Ⅲ.①川菜—菜谱 Ⅳ.
①TS972.182.71

中国版本图书馆CIP数据核字(2012)第035062号

川菜1688例

策划·编写	犀文圖書	
责任编辑	樊 明　葛 昀	
责任校对	郝慧华	
责任监制	曹叶平　周雅婷	

出版发行	凤凰出版传媒集团
	凤凰出版传媒股份有限公司
	江苏科学技术出版社
集团地址	南京市湖南路1号A楼，邮编：210009
集团网址	http://www.ppm.cn
出版社地址	南京市湖南路1号A楼，邮编：210009
出版社网址	http://www.pspress.cn
经　销	凤凰出版传媒股份有限公司
印　刷	广州汉鼎印务有限公司

开　本	710mm×990mm　1/16
印　张	12
字　数	120000
版　次	2012年4月第1版
印　次	2012年4月第1次印刷

标准书号	ISBN 978-7-5345-9217-1
定　价	19.90元

图书如有印装质量问题，可随时向印刷厂调换。